工程建设城建 建工行业
标准编制工作手册

建设部标准定额研究所

中国建筑工业出版社

图书在版编目(CIP)数据

工程建设城建 建工行业标准编制工作手册/建设部标准定额研究所. —北京：中国建筑工业出版社，2005

ISBN 7-112-07415-0

Ⅰ.工… Ⅱ.建… Ⅲ.建筑工程—行业标准—编制—手册 Ⅳ.TU-65

中国版本图书馆 CIP 数据核字(2005)第 047097 号

责任编辑：丁洪良
责任设计：崔兰萍
责任校对：孙 爽

工程建设城建 建工行业
标准编制工作手册

建设部标准定额研究所

*

中国建筑工业出版社出版、发行(北京西郊百万庄)
新 华 书 店 经 销
北京密东印刷有限公司印刷

*

开本：850×1168毫米 1/32 印张：3 字数：120千字
2005年5月第一版 2006年9月第二次印刷
印数：1501—3000册 定价：**14.00**元
ISBN 7-112-07415-0
(13369)

版权所有 翻印必究
如有印装质量问题，可寄本社退换
(邮政编码 100037)
本社网址：http://www.china-abp.com.cn
网上书店：http://www.china-building.com.cn

前　言

　　工程建设标准化是我国社会主义建设的一项重要技术基础工作，工程建设城建、建工标准工作是工程建设标准的重要组成部分。它对建设领域有效地实行科学管理，做到节地、节能、节水、节材，规范建设市场行为，确保建设工程质量与安全，促进建设工程技术进步，提高建设工程经济效益和社会效益等具有重要意义和作用。

　　为推动工程建设城建、建工标准化工作的开展，满足广大工程技术人员和管理人员编写工程标准的需要，建设部标准定额研究所编写了《工程建设城建　建工行业标准编制工作手册》，以期解决广大技术人员和工程管理人员在实际标准编制工作中可能遇到的标准化概念、编制程序、编写要求等问题，更好地把握工程建设标准中的有关规定。

　　参加手册编写的人员有李铮、陈国义、雷丽英、董一新、林常青。

　　由于水平所限，错漏之处难免，敬请批评指正（联系方式：建设部标准定额研究所 010-58933472；通讯地址：北京市三里河路9号，100835）。

目 录

第一章 标准化概论 ………………………………………………… 1
 一、标准化的有关概念 ………………………………………… 1
 二、标准化的产生与发展 ……………………………………… 3
 三、工程建设标准化的特点与作用 …………………………… 9
第二章 工程建设城建、建工标准化管理 ………………………… 11
 一、工程建设标准化管理的组织与制度 ……………………… 11
 二、工程建设城建、建工标准现状 …………………………… 13
 三、《工程建设标准强制性条文》简介 ………………………… 16
第三章 标准编制 …………………………………………………… 19
 一、标准化的基本原理 ………………………………………… 19
 二、标准编制应遵循的原则 …………………………………… 19
 三、制定标准的程序 …………………………………………… 20
 四、标准编写 …………………………………………………… 25
附录一 工程建设行业标准技术归口单位情况表 ………………… 30
附录二 有关法规文件 ……………………………………………… 35
 关于印发《工程建设标准编写规定》和《工程建设标准出版
 印刷规定》的通知 ……………………………………………… 35
 工程建设国家标准管理办法 …………………………………… 66
 工程建设行业标准管理办法 …………………………………… 77
 工程建设标准局部修订管理办法 ……………………………… 80
 关于调整我部标准管理单位和印发
 工作准则等四个文件的通知 …………………………………… 82

第一章 标准化概论

一、标准化的有关概念

1. 标准

标准是用以衡量多种事物的客观准则。标准有广义和狭义之分。从广义方面说，涉及到人类社会生活和生产的各个方面，如政治标准、道德标准、行为标准、经济标准、技术标准等等。从狭义方面讲，即人类社会生活和生产活动中有关经济、技术、科学和管理等方面的标准，是统一认识，统一行动，在一定时间、一定范围内人们共同遵循的标准。

什么是标准？国际标准化组织（ISO）对标准的定义是："标准是由有关各方根据科学技术成就与先进经验，共同合作起草、一致或基本上同意的技术规范或其他公开文件，其目的在于促进最佳的公众利益，并由标准化团体批准"。我国对标准的定义以1996年修订的国家标准《标准化和有关领域的通用术语 第一部分：基本术语》给出的定义为准，即："为在一定的范围内获得最佳秩序，对活动或其结果规定共同的和重复使用的规则、导则或特性的文件，该文件经协商一致制定并经一个公认机构批准，以科学、技术和实践经验的综合成果为基础，以促进最佳社会效益为目的。"

2. 标准化

什么是标准化？国际标准化组织（ISO）对标准化的定义是："标准化主要是对科学、技术与经济领域内应用的问题给出解决办法的活动，其目的在于获得最佳秩序。一般来说，包括制订、发布与实施标准的过程。"1996年，我国对国家标准《标准化基本术语 第一部分》（GB 3935.1—83)进行了修订，给出的标准化的定义是："在一定的范围内获得最佳秩序，对实际的或潜在的问题制定共同的和重复使用的规则的活动。"同时，给出了该定义的两个注释，即：(1)上述活动主要是包括制定、发布及实施标准的过程；(2)标准化的重要意义是改进产品、过程和服务适用性，防止贸易壁垒，并促进技术合作。

标准化的定义明确表达了标准化的范围、对象、特征和目的。标准化的范围限定在"经济、技术、科学和管理"等社会实践中。标准的对象是标准化范围内的"重复性事物和概念"，只有反复应用，才有制订标准的必要。标准化的特征是"通过制订、发布和实施标准达到统一"。标准化的目的是"获得最佳秩序和社会效益"。

3. 工程建设标准

工程建设标准是为在工程建设领域内获得最佳秩序，对各类建设工程的勘察、规划、设计、施工、安装、验收、运营维护及管理等活动和结果需要协调统一的事项所制定的共同的、重复使用的技术依据和准则，它经协商一致并由一个公认机构审查批准，以科学技术和实践经验的综合成果为基础，以保证工程建设的安全、质量、环境和公众利益为核心，以促进最佳社会效益、经济效益、环境效益和最佳效率为目的。工程建设标准是我国工程建设的重要技术基础，涉及城乡规划、城镇建设、房屋建筑、交通运输、水利、电力、通信、采矿冶炼、石油化工、轻工、林业、农牧渔业等各个行业和领域。

4. 工程建设标准化

工程建设标准化是为在工程建设领域内获得最佳秩序，对实际的或潜在的问题制定共同的和重复使用的规则的活动，包括技术、经济和管理各个方面标准的制订、贯彻实施等工作。它既不是一个行业，也不是一个行业的标准化，而是有关行业的各类专业工程建设全过程的综合标准化。

5. 产品标准

产品标准是对产品结构、规格、质量和检验方法所做的技术规定。它是在一定时期和一定范围内具有约束力的产品技术准则,是产品生产、质量检验、选购验收、使用维护和洽谈贸易的技术依据。

6. 国际标准

国际标准是指国际标准化组织(ISO)、国际电工委员会(IEC)和国际电信联盟(ITU)所制定的标准,以及 ISO 为促进《关贸总协定——贸易技术壁垒协议》(TBT)即标准守则的贯彻实施所出版的《国际标准题内关键词索引(KWIC Index)》中收录的其他国际组织制定的标准。其他国际组织包括国际计量局(BIPM)、世界知识产权组织(WIPO/OMPI)、国际劳工组织(ILO/OIT)、国际法制计量组织(OIML)、联合国教科文组织(UNESCO)、世界卫生组织(WHO/OMS)、国际铁路联盟(UIC)等 27 个组织。

7. 国外先进标准

国外先进标准是指国际上有权威的区域性标准、世界主要经济发达国家的国家标准和通行的团体标准以及国际上的其他先进标准。如欧洲标准(EN)、美国国家标准(ANSI)、美国材料与试验协会标准(ASTM)等。

二、标准化的产生与发展

事物的发展总是从必然王国到自由王国。人类的标准化活动也是如此,一开始就与生产劳动和社会生活密切联系在一起。既是劳动的产物,也是人类社会发展的必然现象。随着生产力的发展和科学技术的进步,标准化活动也就越来越广泛深入。从标准化思想的萌动,逐渐由古代标准化、近代标准化向现代标准化发展,经历了漫长的历史长河,它标志着人类文明的进程,是人类文化的组成部分。

1. 古代标准化

中国的标准化源远流长,在我国数千年的漫长历史发展进程中,劳动人民在掌握多种生产技艺的同时,也应用标准化手段促进生产力的发展。

春秋晚期的《考工记》，记载着产品和工程的技术规格、工艺方法、技术要求、规范等，开创了我国古代有文字可考的标准化史的先河。

秦始皇统一中国后，以律令推行书同文、车同轨，统一货币和度量衡，形成全国范围内统一的标准化。

我国四大发明之一的活字术、活字印刷等，体现了利用标准体的互换性、分解组合和重复利用等标准化方法和原则。

公元1103年北宋时期，正式发布了《营造法式》，它对建筑结构设计、施工用料、劳动定额、操作方法、质量要求等都作了规定，是我国古代建筑工程的重要规范。

综上所述可以看出，我国标准化的发展也同我国其他科学技术领域的成果一样，某些方面在历史上的某个阶段曾处于世界领先地位，为人类经济文化的发展做出过贡献。

2. 近代标准化

纵观近代标准化的发展史，我们可以清晰地看到，标准化是伴随着工业化的发展而得以飞速发展的，近代标准的主要属性是生产属性。也正是近代大工业生产的强大需求促进了标准化两次质的飞跃——一是为适应近代国家工业化发展的需求，标准化工作提升到国家规模；后又为适应世界范围内工业革命兴起的需求，标准化工作推向国际规模。因此，从一定意义上来说大工业生产有力推进了近代标准化的发展。

1934年约翰·盖拉德的《工业标准化——原理与应用》、20世纪中叶J·V·科尔斯的《消费品的标准与标签》、B·梅尔尼茨基的《工业标准化的利益》、约翰·佩利的《标准化故事》、D·列克的《现代经济中的国家标准》、J·马伊利撰写的《标准化》等著作先后问世，对建立标准化理论、普及标准化知识、宣传标准化作用，都具有重要历史价值。

3. 现代标准化

现代标准化系指从20世纪60年代以来至今这一时期。在这期间，现代科学技术正以惊人的速度蓬勃发展，科学技术出现了重大突破。大型复杂的工程和高、精、尖的产品，需要多学科、多专业的广泛协作，国际间的交往和协作不断加强，传统的标准化，包括以大机器生产的近代标准化，已不能适应科学技术迅猛发展的需要。进入20世纪60年代以后，随着全世界工业振兴和国际贸易的发展，世界贸易组织(WTO)通过签署《技术贸易壁垒协议》(TBT协议)等方式，把标准提升到了国际贸易游戏规则的地位，并对各缔约国政府的标准化行为进行了必要的规范。标准成为国际贸易中供需双方签订契约合同所必需的基础性和原则性技术文件，从而使标准具备了更为重要的属性——贸易属性。现代意义上的标准化由此产生，标准化工作引起了世界各国政府的高度重视，标准化在国际贸易、国民经济发展和社会进步中的地位和作用日益突出。

现代标准化的特点主要表现在以下几点：

(1) 领域扩大，数量增加，向国际标准靠拢、接轨，或直接采用国际标准。

(2) 以系统理论为指导，建立起覆盖各专业领域的标准化体系，以满足现代化生产中多学科、多专业的"主体作战"和现代工程建设中勘察、规划、设计、施工、验收的实际需要。

(3) 现代科学技术在标准化中广泛应用。多专业性标准除了应用多门科学和新兴学科的最新成就外，在标准化工作中综合运用了数理统计、运筹、价值工程、控制论、信息论、系统论等作为标准化的方法论和技术手段。如用微机解决标准情报的存储、检索、对标准文件大量使用文字的处理，用户可通过电话、电报、书信或安放终端机查找所需的标准情报等。

4. 我国标准化发展历程

第一阶段(1949～1988年)：实行计划经济体制和实行计划经济为主、市场经济为辅时期。1962年国务院颁布了《工农业产品和工程建设技术标准管理办法》，1979年国务院颁布了《中华人民共和国标准化管理条例》。其中规定，我国标准分为国家标准、部(专业)标准和企业标准三级；标准一经发布就是技术法规，必须严格贯彻执行。

第二阶段(1988～至今)：计划经济体制向社会主义市场经济体制过渡时期。1988年全国人大常委会通过了《中华人民共和国标准化法》，1990年国务院颁布了《中华人民共和国标准化法实施条例》。其中规定，我国标准分为国家标准、行业标准、地方标准和企业标准四级。国家标准、行业标准分为强制性和推荐性两类标准。

随着我国加入WTO，经济逐步融入全球化，各成员国之间以技术法规、标准、合格评定程序的"技术性门槛"代替关税壁垒成为更加隐蔽的贸易障碍，国际市场竞争从质量竞争、价格竞争、服务竞争、品牌竞争演进到标准竞争，带有浓厚的计划经济色彩的现行国家技术标准体制已远远不适应市场经济体制条件下标准化工作的新要求。为适应新型的社会主义市场经济体制，构建新型的国家技术控制体制——技术法规与标准相结合体制——势在必行。技术法规(相当于目前我国工程建设标准体系中全文强制的综合标准)是强制执行的技术文件，主要提出WTO/TBT协议中"正当目标"范围内的各项要求，即安全、卫生、环保、节能等涉及公众基本利益和国家长远利益的要求；标准将成为一种自愿采用的技术文件，内容一般包括实现强制性和非强制性技术要求所需采取的途径和方法，可随技术发展而及时修订，具有较大的灵活性。

5. 我国工程建设标准化的发展历程

我国工程建设标准化的发展大致经历了以下几个阶段：

(1) 旧中国在工程建设标准方面，几乎是一张白纸。只有少数几个大城市，参照外国租界工务局的章程，制订了一些地方性建设规则，如上海在1946年公布了《上海市建筑规则》。其内容也是管理方面的，附有一些技术性的要求，在设计和施工方面则基本上没有具体的规定，而是由技术人员自己选择，想用哪个国家的规范，就直接引用过来。

(2) 第一个五年计划(1952~1956年)开始，由于建设规模的迅速扩大，在建筑设计和施工方面，急需在很短时间内拿出一些建筑标准、规范来作为建筑业活动的准则。在当时的历史条件下，采取的简易可行办法是将原苏联有关建筑标准、规范，通过翻译或编译制订成我国的标准，供设计、施工和管理人员参照使用。1952年建筑工程部成立后，集中了一批技术人员，至1955年共计翻译、制订了荷载、地基基础、砖石、钢、木及钢筋混凝土结构等六本设计规范。这对解决当时的急需和奠定我国工程建设标准化的基础起了一定作用。

(3) 1952年11月国家计划委员会成立，主管全国的国民经济计划和基本建设工作，工程建设标准化工作则由国家计划委员会设计工作计划局统一主管。

1954年11月第一届国家建设委员会成立，专门主管全国的基本建设工作，工程建设标准化工作由国家建设委员会的标准定额局、建筑企业局、民用建筑局、建筑材料局等主管。

1961年1月国家基本建设委员会撤销后，改由国家计划委员会归口管理。

由此标志着标准化工作的管理，从解放初期主要由各地方和有关部门自行管理—即分散管理体制转变为集中管理体制。在这期间，由国家建设委员会组织制订、颁发了25项全国统一标准，各部门也组织制订、发布了部门标准42项。

这一时期标准的主要特点是，由于当时我国大多数重点工程建设项目是由原苏联全套引进的，其基本建设的管理和程序也基本是学习原苏联经验，所以制订、颁发的标准基本上还是依照原苏联的模式。

(4)"文革"十年，我国标准化工作受到严重破坏。这一时期，多年来经实践检验的科学规定被歪曲为是对工人进行管、卡、压的紧箍咒而被忽视甚至抛弃，由此造成了大量的质量事故。仅1971年的统计，建筑物和构筑物的塌毁等严重事故就有60多起，死亡人数高达3000多人，重伤一万余人。当时周恩来总理针对生产建设中普遍存在的质量和安全事故问题，及时并多次强调要建立和健全合理的规章制度。1972年4月国家基本建设委员会专门召开了全国设计标准规范修订工作座谈会，就是在这个会上明确了对标准的质量要做到"技术先进、经济合理、安全适用、确保质量"；同时也强调了要吸收勘察、设计、施工、科研单位和高等院校共同参加修订的工作等。

十年动乱期间，工程建设标准工作在十分艰难的条件下，仍然取得了一定进展，发布了标准的管理制度；审批发布了30项国家标准、规范；建立了一些标准、规范管理组；初步疏通了国家标准制（修）订补助经费渠道等。

（5）1979年7月，国务院颁布了《中华人民共和国标准化管理条例》，1980年和1981年由国家基本建设委员会相继发布了《工程建设标准规范管理办法》、《全国工程建设标准设计管理办法》。

鉴于工程建设标准化是搞好基本建设管理的一项极其重要的基础工作，在1982年国家机构改革后，1983年全国整个基本建设工作由国家计划委员会归口管理。为了加强工程建设标准化工作，设立了基本建设标准定额局（标准定额研究所，即建设部标准定额研究所的前身），负责管理全国工程建设标准化工作，组织研究、制订综合性基础标准。此后，工程建设标准化工作逐步走向正轨。其主要体现在以下几个方面：

第一，充实了工程建设标准化工作机构和人员，各专业标准化委员会相继成立；

第二，工程建设标准制订、修订的速度加快，水平不断提高，其工作方法逐步形成标准化程序；

第三，对工程建设标准体系和技术课题进行了研究；

第四，对工程建设标准进行强制性和推荐性标准的试行并得到发展；

第五，积极开展了标准的国际交流活动。

（6）1988年《中华人民共和国标准化法》和1990年《中华

人民共和国标准化法实施条例》的发布实施到现在，标准化工作进入法制轨道，工程建设标准化工作迈入稳定发展的时期。1998年按照国务院机构改革和三定方案，工程建设标准由建设部标准定额司主管，并由建设部标准定额研究所负责有关工程建设标准化的具体技术组织工作，以及从事相关政策研究。

(7) 1992年12月30日建设部发布了《工程建设国家标准管理办法》（建设部令第24号）和《工程建设行业标准管理办法》（建设部令第25号）；1994年3月31日建设部印发了《工程建设标准局部修订管理办法》（建标［1994］219号）；1996年12月13日建设部印发了《工程建设标准编写规定》和《工程建设标准出版印刷规定》（建标［1996］626号）；2000年8月25日建设部发布了《实施工程建设强制性标准监督规定》（部令第81号）；2004年2月4日建设部印发了《工程建设地方标准化工作管理规定》（建标［2004］20号）。

三、工程建设标准化的特点与作用

1. 特点

工程建设标准与工农业产品标准有许多共同之处，但也有其固有的特点，主要是：

(1) 政策性强：工程建设标准一般都具有高度的政策性。这是由于工程建设本身投资大，资源消耗多，建设的好坏直接并长期影响到生产的合理性和人身安全。而工程建设标准又是进行工程建设勘察、规划、设计、施工及验收等的重要技术依据。因此，制订出的工程建设标准，必须贯彻国家的技术、经济政策，并结合中国国情，要求通过标准的贯彻实施，在获得经济效益的同时，更应取得显著的社会效益和环境效益。

(2) 涉及面广：任何一项建设工程，都要涉及许多学科和专业的技术问题，对这些不同专业的技术问题要求进行综合权衡、统筹兼顾，协调好相互之间的关系。

(3) 综合性强：从技术内容上，工程建设标准一般不是单项的技术标准，而是综合性标准，同时处理好技术、经济、管理水平三者之间的制约关系，乃是工程建设标准制订过程中综合性分析的关键，直接影响标准的制订水平和标准的效益。

（4）与自然环境条件的影响关系密切：我国幅员辽阔，工程建设标准必须考虑其适用范围、所作的定性和定量指标及受地域性自然环境条件的影响等问题。

2. 作用

标准化的作用主要表现在：标准化为科学管理奠定了基础；促进经济全面发展，提高经济效益；可使新技术、新成果得到推广应用，从而促进技术进步；为组织现代化生产创造了前提条件；促进对自然资源的合理利用，保持生态平衡，维护人类社会当前和长远的利益；合理发展产品品种，提高企业应变能力；保证产品质量，维护消费者利益，提高产品在国际市场上的竞争能力；消除贸易障碍，促进国际技术交流和贸易发展；保障身体健康和生命安全。工程建设标准化是我国社会主义建设的一项重要基础工作，是组织现代化建设的重要手段，是对现代化建设实行科学管理的重要组成部分。做好工程建设标准化工作，对促进建设工程技术进步，保证工程质量，加快建设速度，节约原料、能源，合理使用建设资金，保护人的身体健康，保障国家和人民生命财产安全，提高投资效益和社会经济效益等，都具有重要作用。

第二章　工程建设城建、建工标准化管理

一、工程建设标准化管理的组织与制度

我国工程建设标准化的管理，主要是通过健全的工程建设标准化管理机构和完善的工程建设标准化的管理制度来实现的。其中，管理机构包括：政府管理机构和非政府管理机构；管理制度包括有关的法律、行政法规、部门规章、规范性文件等。我国的标准化活动即标准的制定、实施和对标准实施的监督是由《中华人民共和国标准化法》、《中华人民共和国标准化法实施条例》来调整，在法律及条例的指导下进行的。制定标准是指标准制定部门对需要制定标准的项目编制计划，组织草拟，审批、编号、发布的活动；组织实施标准是指有组织、有计划、有措施地贯彻执行标准的活动；对标准的实施进行监督是指对标准贯彻执行情况进行督促、检查和处理的活动。目前，我国的标准化管理是采用统一管理与分工管理相结合的管理体制。国务院标准化行政主管部门统一管理全国标准化工作，国务院有关行政主管部门分工管理本部门、本行业的标准化工作。大致来讲，产品国家标准由国家质量监督检验检疫总局负责，工程建设国家和行业标准由建设部负责，其中工程建设国家标准由建设部审批，由建设部、国家质量监督检验检疫总局联合发布。相应的管理制度框架如图2-1所示。

工程建设标准化部内管理由建设部标准定额司负责，具体工作委托建设部标准定额研究所承担。建设部以建人教[1999]115号文下发了建设部标准定额司职能和建设部标准定额研究所主要职责的通知，进一步明确了司、所的业务分工。

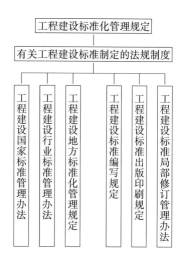

图 2-1 工程建设标准化管理框架

(1) 标准定额司的职能

——组织制定工程建设标准化管理有关法规、制度并组织贯彻实施；

——组织制定工程建设国家标准、部管行业标准和部管产品标准制订、修订计划；

——组织制定工程建设国家标准、部管行业标准和部管产品标准；

——监督指导工程建设国家标准、部管行业标准和部管产品标准实施；

——负责部管行业的国际标准化组织（ISO）的国内管理工作。

(2) 标准定额研究所的主要职责

——工程建设标准化管理有关法规、制度的研究工作；

——汇总编制工程建设强制性国家标准和部管行业标准的制订、修订年度计划，提出计划初稿；

——组织工程建设强制性国家标准的制订和修订的具体工

作，提出报批稿审核意见；组织部管行业标准的具体编制，完成报批前的准备工作；

——参与工程建设国家标准、部管行业标准的实施与监督工作。

在管理的方式上，目前国家标准主要依靠国家标准管理组进行日常管理；行业标准按勘察与岩土工程、城乡规划、城镇公共交通、城镇道路桥梁、城镇给水排水、城镇燃气、城镇供热、城镇园林绿化、城镇市容环境卫生、城镇与工程防灾、房地产、建筑设计、建筑结构、建筑地基基础、建筑施工与质量控制、建筑暖通空调与净化、建筑安全等不同专业分若干标准技术归口单位（见附录一）进行日常管理。

二、工程建设城建、建工标准现状

1. 标准的构成

根据国家技术监督局技监局标发［1992］101号文的精神，结合建设部管辖行业范围中工程建设标准的具体情况，建设部系统的工程建设标准分为城镇建设和建筑工程两个行业。城建、建工行业的工程建设标准分为国家标准和行业标准（含强制性与推荐性），标准编号如下：

工程建设城建、建工国家标准

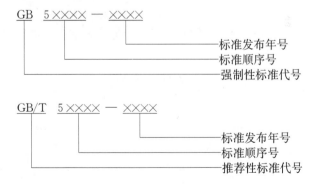

13

工程建设城镇建设行业标准

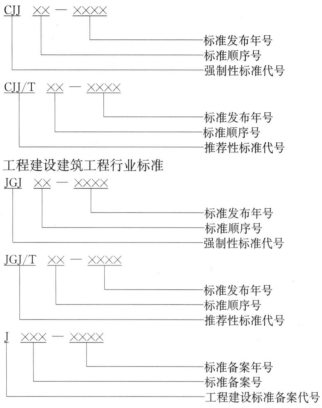

城镇建设、建筑工程两个行业的工程建设标准又按《工程建设标准体系——城乡规划、城镇建设、房屋建筑部分》进行了分类(见表2-1)。

表2-1 专业领域标准分类

行业	专 业			
城镇建设	1	城乡规划(含信息技术应用)	7	城镇供热
	2	城乡工程勘察测量(市政)	8	城镇市容环境卫生
	3	城镇公共交通	9	风景园林
	4	城镇道路桥梁	10	城镇与工程防灾
	5	城镇给水排水	17	信息技术应用(城建)
	6	城镇燃气		

14

续表2-1

行业	专业			
建筑工程	2	城乡工程勘察测量(建筑)	14	建筑施工质量与安全(含建筑材料应用)
	10	城镇与工程防灾(抗震)	15	建筑维护加固与房地产
	11	建筑设计	16	建筑室内环境(建筑物理、暖通空调)
	12	建筑地基基础	17	信息技术应用(建筑)
	13	建筑结构		

2. 标准现状

经过几十年的发展，城建、建工行业的工程建设标准体系已逐步形成，勘察与岩土、给排水、建筑设计、建筑结构、建筑地基基础、建筑施工与质量控制等专业标准体系已比较完善。上述标准体系基本覆盖了工程建设中专业的主体面，标准已基本覆盖城建、建工行业管理范畴。截至2005年4月底止，已发布实施的城建、建工工程建设标准共计448项，其中国家标准(包括与城建、建工有关的工程建设标准)198项，行业标准250项；在工程建设行业标准中，包括城镇建设标准102项，建筑工程标准148项。在编工程建设行业标准(包括制订、修订项目)共计163项。各分专业工程建设行业标准在编数量见表2-2。

表2-2 各分专业行业标准在编数量

序号	专业分类	在编数量	制订	修订
1	勘察与岩土工程	4	1	3
2	城市规划	2	2	0
3	城镇供热	3	2	1
4	城镇燃气	6	3	3
5	城市给排水	12	8	4
6	城镇环境卫生	9	6	3

15

续表2-2

序号	专业分类	在编数量	制订	修订
7	城镇园林绿化	2	2	0
8	城镇公共交通	5	3	2
9	城镇道路桥梁	11	5	6
10	房地产技术	3	3	0
11	建筑设计	12	6	6
12	村镇建设	2	2	0
13	建筑物理	11	7	4
14	建筑地基基础	3	0	3
15	建筑结构	11	7	4
16	工程抗震	4	3	1
17	建筑施工与质量控制	30	21	9
18	建筑工程材料	8	3	5
19	建筑安全	10	7	3
20	信息技术	9	9	0
21	暖通空调	6	6	0
合计		163	106	57

三、《工程建设标准强制性条文》简介

1.《强制性条文》制定背景

2000年1月，国务院《建设工程质量管理条例》出台，将强制性标准作为建设工程活动各方主体必须遵循的基本依据，同时也使现有工程建设标准体制与市场经济体制间的矛盾日益突出和激化。改革工程建设标准的体制，按照国际惯例重新构建适应社会主义市场经济体制的工程建设标准新体制，并为宏观经济体制改革服务已势在必行。

国务院发布的《建设工程质量管理条例》（以下简称《条例》），是国家在市场经济条件下，为建立新的建设工程质量管理

制度和运行机制作出的重要规定。《条例》对执行国家强制性标准作出了比较严格的规定。过去，在执行国家强制性标准方面，总是有人不理解，不学习，执行不自觉，不严格，漠然处之，加上责任不清，处罚无力，致使质量无保证，事故不断。现在有了《条例》，不执行国家强制性技术标准就是违法，就要受到相应的处罚。这是迄今为止，国家对不执行强制性标准作出的最为严厉的行政规定，也是行政法规与技术法规相辅相成的突出典范。这就为不执行强制性标准的人敲响了警钟，同时也为强制性标准的全面贯彻实施创造了极为有利的条件。《条例》对国家强制性标准实施监督的严格规定，打破了传统的单纯依靠行政管理保证建设工程质量的概念，开始走上了行政管理和技术规范并重的保证建设工程质量的道路。这一重大变化，为各级建设行政主管部门依法行政，宏观监督与控制建设工程质量，从根本上避免在我国社会主义市场经济条件下建设工程可能出现的各种质量和安全事故的发生，奠定了法律基础。

《工程建设标准强制性条文》（以下简称《强制性条文》）作为《条例》的一个配套文件，系将工程建设国家和行业标准中直接涉及人民生命财产安全、人身健康、环境保护和其他公众利益，并考虑了保护资源、节约投资、提高经济效益和社会效益等政策要求的条文进行摘录而成。《实施工程建设强制性标准监督规定》（建设部令第81号）明确了其性质及法律地位，通过实施，有力地促进了《条例》的全面贯彻执行。应该说，《强制性条文》对保证工程质量与安全、规范建筑市场、保护民族产业都起到了非常重要的作用。

目前，《强制性条文》包括15部分，即：城乡规划、城镇建设、房屋建筑、工业建筑、水利工程、电力工程、信息工程、水运工程、公路工程、铁道工程、石油和化工建设工程、矿山工程、人防工程、广播电影电视工程和民航机场工程等。

2.《强制性条文》的作用

《强制性条文》的提出，可以说是工程建设标准化历史上和工程质量管理中具有里程碑意义的一件大事。它是把工程质量工作纳入规范化、制度化和法律化轨道的重要环节，也是工程质量管理的法规体系的重要组成部分。

工程建设强制性标准是技术法规性文件，是理论和实践相结合的成果，是工程质量安全管理的核心。我国从1999年开始的连续四年建设执法大检查，均将是否执行强制性标准作为一项重要内容。从检查组联合检查的情况来看，工程质量问题不容乐观。一些工程建设中发生的质量事故或安全事故，虽然表现形式和呈现的结果是多种多样的，但其中的一个重要原因都是违反标准的规定，特别是强制性标准的规定造成的。反过来，如果严格按照标准、规范、规程去执行，在正常设计、正常施工、正常使用的条件下，工程的安全和质量是能够得到保证的，绝不会出现桥垮屋塌的现象。今后，不仅对人为原因造成的，还是对在自然灾害中垮塌的建设工程都要审查有关单位贯彻执行强制性标准情况，对违规者要追究法律责任。实践证明严格贯彻执行强制性标准，把这项工作作为核心工作来抓，对抓质量、抓安全、整顿规范建筑市场和房地产市场秩序等活动具有重要作用。必须认识到，只有严格贯彻执行强制性标准，才能保证建筑的使用寿命，才能使建筑经得起自然灾害的检验，才能确保人民的生命财产安全，才能使投资发挥最好的效益。

3.《强制性条文》的管理

为加强《强制性条文》的管理，建设部将陆续批准成立相应的强制性条文咨询委员会。目前已成立《强制性条文》（房屋建筑部分）咨询委员会。按照建设部批准的"《工程建设标准强制性条文》（房屋建筑部分）咨询委员会工作准则"要求，今后的强制性条文由相应标准编制组负责起草，经标准审查会议进行初步审查后，报送咨询委员会，咨询委员会组织有关主任委员和专业组进行审查，确认后，返回标准编制组，报送建设部批准发布。这个程序是在工程建设标准规范编制程序的基础上，本着系统、严格、科学的要求而确定的，这是强制性条文向技术法规过渡的过程中，对组织编制程序建立一种模式的探索，其目的是保证标准规范的科学性和严肃性，作为咨询委员会将进一步探索和完善强制性条文的编制和发展。

第三章 标准编制

一、标准化的基本原理

1. 统一：标准化的主要任务。在一定时期和一定条件下，使标准化对象的形式、功能或其他技术特性具有一致性。它是人为地进行干预的一种形式，统一的对象应该是具有多样性、相关性特征的重复事物，只有这类事物才具有统一的可能和统一的必要。

2. 简化：标准化的一种形式。具有同种功能的标准化对象，当其多样化的发展规模超出了必要的范围时，即应清除其中多余的、不必要的、繁琐的、可替换的和低功能的环节，保持其构成的精炼、合理，使总体功能最佳。

3. 择优：是从多种可行方案中，选择或确定最佳方案。这是在标准化全部活动中，对标准系统的构成加以简化，因素加以统一，关系加以协调，最后达到整个标准或系统功能最佳。

4. 协调：是针对每个标准或标准系统的，通过协调实现标准或整体系统功能最佳，为标准系统的稳定性创造条件，使系统中各组成部分、各相关因素建立起合理的秩序和相对平衡的关系。

二、标准编制应遵循的原则

1. 必须贯彻执行国家、行业、地方的有关法律、法规和方针、政策，密切结合自然条件，合理利用资源，充分考虑使用和维修的要求，做到技术先进、经济合理、安全适用。技术先进是指标准中规定的各种指标和要求应当反映科学、技术和建设经验的先进成果，有利于促进技术进步，促进工程质量的不断提高。经济合理是衡量技术可行性的重要标志和依据，任何先进技术的推广应用，都受到经济条件的制约，真正先进的经验或技术，首先应当是在同等条件下比较经济的。安全适用是判断先进技术在经济合理条件下的最低尺度。

2. 以行之有效的生产、建设经验和科学技术的综合成果为依据，对需要进行科学测试或验证的项目，要纳入计划、组织实施，并写出成果报告，对已经鉴定或实践检验的技术上成熟、经济上合理的科研成果，应当纳入标准。

3. 应当积极采取新技术、新工艺、新设备、新材料，纳入标准的新技术、新工艺、新设备、新材料，应当具有完整的技术文件，且经实践检验行之有效。

4. 要积极采用国际标准，对经过认真分析论证或测试验证，符合我国国情的应当纳入标准或作为制定标准的基础。

5. 充分发扬技术民主，与有关方面协商一致，共同确认。

6. 做好与现行相关标准之间的协调，避免重复或矛盾。

三、制定标准的程序

根据多年来标准化实践经验，标准的制定程序一般按计划、准备、征求意见、送审和报批五个阶段依次进行。按不同的阶段制定标准是保证标准的质量、标准的公正性及标准的有效实施的有效方法和手段。

1. 计划下达阶段

任何部门、单位或个人，均可根据工程建设生产实践和科学技术发展的需要，提出制订或修订标准的项目立项申请。拟编制项目一般要符合《工程建设标准体系》（城乡规划、城镇建设、房屋建筑部分）的要求；对体系未含而又认为需编制的项目应经充分论证。立项申请应填写《技术标准制订修订项目申请表》，该表可从建设部网站直接下载(http：//www.cin.gov.cn/)。归口单位根据标准体系的内在要求提出是否立项的初步意见，主管部门(单位)审查、批准标准立项并以部文发布。

对承担标准主编任务的单位或个人一般需要具备下列几项基本条件：

(1) 承担过与该标准相应的工程建设勘察、规划、设计、施工或科研等方面的任务；

(2) 具有较丰富的工程建设经验，较高的技术水平和组织管理水平；

(3) 具有协调能力和较好的文字水平。

2. 准备阶段

标准计划下达后，主编单位应与主管部门签定合同，一式六份。准备阶段的工作主要由主编单位负责。本阶段工作的主要内容和要求是：

(1) 成立编制组。按照参加编制工作人员的条件与各编制单位协商，进行组织落实。编制组一经成立，其人员不宜变动，自始至终参加编制工作。参编人员一般要由项目计划所确定参加单位指派，需要增减时，应当报经计划批准的部门或机构同意。参加标准编写的人员一般需要具备的条件是：具有大专以上学历或相当的同等学历；曾参加与该标准内容有关的生产和科研活动；具有一定的理论基础和实践经验；具有一定的政策水平和组织工作能力；具有一定的文字功底和表达能力等。

(2) 制定工作大纲。在项目计划前期工作和进一步搜集资料的基础上，根据标准的适用范围和主要技术内容进行编制，其内容一般包括：标准的主要章节目录、本标准的编制原则、需要调查研究的主要问题、必要的测试验证项目、工作进度计划及编制组成员的分工等。

(3) 召开编制组成立会。主编单位应及时召开第一次编制工作会议，会议主要内容是宣布编制组成员、学习有关标准化的文件、讨论工作大纲、落实分工和进度、形成会议纪要等。编制组成员应按分工和进度计划，分别开展调研、分析论证和标准正文及条文说明的起草工作。由主编单位汇总并经编制组讨论后形成标准征求意见稿。

3. 征求意见阶段

征求意见阶段是标准制定工作的中心环节。这一阶段的工作难度较大，通过此阶段的工作应基本落实标准的主要技术内容，初步形成标准的基本框架，对标准的内容进行合理的编排。

编制组完成征求意见稿后，主编单位应及时向归口单位提出进行征求意见的报告。归口单位提出指导性意见，并函复主编单位是否同意进行征求意见。征求意见宜由归口单位发文组织，也可由主编单位直接进行。

征求意见阶段的工作和每项工作应当达到的要求有以下几个方面：

（1）调研工作。编写标准征求意见稿需进行的调研，应根据已经通过的工作大纲进行。调研的对象应具有代表性和典型性，可采取点面结合的方式，并应就调研的结果提出专门报告。

（2）测试验证工作。当需要就某些技术内容开展测试验证时，应当制订测试验证项目的工作大纲，明确统一的测试验证方法，必要时，应对测试验证的结果进行鉴定或论证。

（3）专题论证工作。当标准中的重大问题或有分歧的技术问题难以取得统一意见时，应当根据需要召开专题论证会，邀请有代表性和有经验的专家共同讨论，并形成会议纪要。

（4）编写征求意见稿。征求意见稿应当做到：适用范围与技术内容协调一致，技术内容体现国家、行业的技术经济政策，准确反映生产、建设的实践经验，技术数据和参数有可靠的依据，与相关标准协调，标准的编写符合统一的要求。对分歧的技术问题，编制组内应取得一致意见。一般在编写征求意见稿的同时，应着手编写相应的条文说明。

（5）征求意见。征求意见的范围应当具有广泛的代表性，一般发至有关部门、单位和专家个人，同时报送部标准主管单位。征求意见的期限一般为两个月。征求各方意见应做到重点突出，不回避矛盾。征求意见后，由主编单位提出意见汇总和处理情况表。征求意见可在建设部网站(http：//www.cin.gov.cn/)或建设部标准定额所网站(http：//www.risn.org.cn/)进行。

4. 送审阶段

编制组应根据收集到的意见逐条对征求意见稿进行补充、修改，尽快形成送审稿。审查前，主编单位应向归口单位提交送审报告和具体审查方案。

送审报告的内容应包括：制(修)订标准任务的来源；制(修)订标准过程中所做的主要工作；标准中重点内容的确定依据及其成熟程度；本标准与国内外主要相关的现行标准、与相应国外标准的水平对比及与相应国际标准的接轨情况；标准中存在的问题和今后需进行的主要工作。

审查方案内容应包括：审查会的时间、地点或函审的时间；审查人员建议名单等。归口单位对送审报告、审查方案同意后，应及时连同送审稿及其条文说明书面报标准主管部门(单位)。经核准后，由归口单位发文组织并主持审查。

送审阶段包括以下几项主要工作：

(1) 意见处理工作。编制组应将收集到的意见，逐条归纳整理，并提出处理意见和理由。对其中有争议的重大问题可以根据情况进行补充调研、测试验证、专题会议等形式进行处理。

(2) 试设计和施工试用工作。只有当标准需要进行全面的综合技术经济比较时，可按送审稿选择有代表性的工程进行。

(3) 完成送审文件。标准的送审文件一般包括：标准送审稿及其条文说明、送审报告、主要问题的专题报告、试设计或施工试用报告等。送审报告的内容主要包括：制(修)订标准的任务来源、制(修)订过程所做的主要工作、标准中重点内容确定的依据及其成熟程度、与国外相关标准水平的对比、标准实施后的效益、标准中尚存在的主要问题和今后需要进行的主要工作等。送审稿及其条文说明应当提前一个月印发有关单位或个人。

(4) 组织审查。送审稿一般采取会议审查的形式进行。审查专家一般不少于9人。经主管部门同意后，也可采取函审或小型会议的形式。

会议审查时,专家代表应具有广泛的代表性,具体包括:相关的政府管理部门的代表、相关归口单位的人员、有经验的专家代表、相关标准编制组的代表;如在送审稿中拟定强制性条文,还应邀请相关部分强制性条文咨询委员会的相关人员参加。审查应当由代表和编制组成员共同对标准送审稿进行审查,对其中重要的或有争议的问题,应当进行充分讨论和协商,尽可能形成一致意见。对有争议且不能取得一致意见的问题,应当提出倾向性意见。审查会应当形成会议纪要。审查中应贯彻协商一致、共同确认的原则,逐章、逐节、逐条进行,并重点审查下列内容:

① 与现行标准的协调性;
② 技术内容是否体现了国家的技术、经济政策;
③ 是否准确地反映了生产、建设的实践经验;
④ 标准的定性、定量规定是否有可靠的依据;
⑤ 用词、用语是否适宜;
⑥ 提出的强制性条文可否确立,是否具可操作性。

送审稿条文说明应对条文本身的规定加以说明,阐述制订条文的目的、背景、依据,特别应注意条文说明不得再作补充规定。

采用函审和小型审定会审查时,参加的代表应当经主管部门或机构同意。对函审中的重大问题,应当召开小型审定会议进行审查,并形成会议纪要。

5. 报批阶段

应根据审查会议或函审、小型审定会议的审查意见,对标准的送审稿及条文说明进行修改,形成报批稿。主编单位应将报批稿及有关文件报归口单位审核,标准中的强制性条文报送相应咨询委员会;经归口单位审核合格并得到强制性条文咨询委员会批复后,报部标准主管单位。标准主管单位进行审核并办理批准发布的文件后,经部标准定额司上报批准发布。报批文件名称及份数见表3-1。

表 3-1　报批文件名称及份数

序号	文　件　名　称	份　数
1	报批报告	1
2	强条咨询委员会复函(已成立咨委会)或标准强制性条文清单	1
3	标准报批稿	3
4	标准报批稿条文说明	3
5	审查会议纪要	1
6	审查意见汇总表	1
7	审查人员签名名单	1
8	标准报批签署表	1
9	数据入库单	1
10	报批稿审核表	1
11	调查报告、专题研究报告	1

报批报告一般包括下列内容：任务来源；编制工作概况；标准的主要内容；审查意见的处理情况；标准的技术水平、作用和效益；今后需解决的问题等。

四、标准编写

1. 工程建设标准的编写要求与 GB1.1 不完全相同

标准的前引部分按封面、扉页、发布通知和目次依次编写。标准的正文部分有总则一章，总则一般包括四个方面的内容，即：制订标准的目的、标准的适用范围、标准的共性要求以及与相关标准的关系；与相关标准的关系，一般采用"……，除应符合本标准(规范或规程)外，尚应符合国家现行有关强制性标准的规定"典型用语来表述。这一点与 GB1.1 引用标准的要求差别较大。可设"术语、符号、代号"一章，列入的术语一般是本标准所特有的、在现行的专门术语标准中没有作出规定的术语。条款编号与 GB1.1 相同。有标准条文执行严格程度的统一用词说明。

2. 标准编写具体要求

（1）条文规定应明确、具体，通俗易懂，逻辑性强，并不应产生歧义。文字应严谨、简练、准确，不应带任何感情色彩，不应使用比喻、虚拟、假设、夸张等修辞方法。

（2）标准中只明确"干"的目标，规定应怎么办，必须达到什么要求，不得超过什么界限等，不阐述其原因和道理，不回答"为什么要这样干"的问题。

（3）每一条规定都应有执行程度用词，使标准使用者明确该做什么、不该做什么，并应特别注意用词、用语的恰当使用，如"必须"、"应"、"宜"等。条文应使用"典型用语"，避免标新立异。

（4）标准名称与内容应基本相符，标准适用范围与条文内容应一致。

（5）不应使用俚语、俗语、方言，用字必须规范；应避免一名多物、一物多名、一事多称、一称多指、一词多意、一意多词的情况；不应使用缩略语，如"三防"等。

（6）标准中应避免使用下列含糊不清的用语：

基本上	认真做好…	由主管部门确定
近似地（大概、大约、大致）	定期地	可能…
应尽量…	注意…	相当于
是否…	按相关规定执行	

（7）标准中应一律使用法定计量单位并正确书写其符号。计量单位符号一律用正体。

土地面积	公顷（平方百米）	hm^2（$100^2 m^2$）
废除 ppm		应以 10^{-6}、$\mu g/g$ 代替
时间	日（天）	d 1d=24h
［平面］角	度	（°）
级差	分贝	dB （不应写成 db）
体积	升	L，(l)（小写字母 l 为备用符号）
（光）照度	勒（克斯）	lx （不应写成 Lx）
质量	千克（公斤）	kg （不应写成 Kg）
功率	千瓦	kW （不应写成 Kw）

(8) 有关"符号"的编写

"符号"是指专业领域中使用的单一概念的标志。它通常用来代表概念的名称——术语，但并非所有术语都需要使用符号。

① 符号一般由主体符号或主体符号带上、下标构成，如 S 或 $S_{b,c}^{a}$。

② 主体符号应以单个字母表示，上、下标可采用一个字母、缩写词、数字或其他标记表示。当主体符号的涵义不致混淆时，宜少用或不用上、下标；当需要上、下标时，宜优先采用下标，少采用上标；当多个下标连续排列可能混淆时，可采用逗号分开。

③ 主体符号的字母应采用斜体；上、下标的字母、数字或标记，除代表序数的字母（i, j, k, m, n……）采用斜体外，均应采用正体。

④ 大、小写拉丁字母用于有量纲物理量，小写希腊字母用于无量纲物理量。物理量是物理现象的可以定性区别和定量确定的一种属性，简称为量。量纲指数不全部为零的物理量为有量纲量，全部量纲指数均为零的物理量为无量纲量。

(9) 有关"术语"的编写

术语是专业领域中使用的某个单一概念的名称。其形式主要是名词，或中心词为名词的词组。

① 术语确立应由事物到术语，不能反其道而行之。

事物	分析本质特征	概念	明确内涵与外延及与相关概念的关系，利用已知或已定义概念描述该概念	定义	研究定义，确定最宜的术语	术语

② 术语定名一般遵守"约定俗成"规律，但应注意，"约定俗成"的背后常常带有许多错误，特别在学科的术语标准化滞后时，更易出现这个问题，因此，不宜过分强调。

③ 定义术语时应注意"定义过宽"、"定义过窄"、"循环定义"等问题。

④ 非术语标准中已有的术语可收在术语标准中，必要时也可作适当修改；相关专业术语标准已有相同的术语，当概念有差别或定义角度不同时，可收在本专业的术语标准中；通用术语，当不收入会影响概念体系的完整性时，也可收入专业术语标准；其他专业的术语，即使本专业使用频繁，也不宜收入。

⑤ 在同一标准中应使用同一术语。

（10）图只能作为理解正文的一种辅助方法，而不能由图做规定或根据图得出数据。如果图画得不准确，那么由图得出的数据往往会出现较大偏差，导致谬误。

（11）表格中相邻数值或文字内容相同时，不得使用"同上"、"同左"的文字或符号，应予以通栏标注；表格中某栏内无要求时，应在其栏内画一短横线，即"—"；表格中数字的有效位数应一致。

（12）空心孔洞的直径应用大写字母 D 表示，实心的轴、钢筋的直径应用小写字母 d 表示。

（13）条文说明是对正文的如何正确理解而做的解释，不应对正文未规定的事项加以补充规定。条文说明应与正文相对应，不说自明的条文也可略去不做解释。条文说明中不应将生产厂家的广告内容写入。

3. 工程建设行业标准前言的规范写法

（1）正文前言

根据建设部建标〔20××〕××号文的要求，标准编制组经广泛调查研究，认真总结实践经验，参考有关国际标准和国外先进标准，并在广泛征求意见的基础上，制定了本标准（规范、规程）。

本标准（规范、规程）的主要技术内容是：1. ……；2. ……；3. ……。（修订的主要技术内容是：1. ……；2. ……；3. ……。）

本标准（规范、规程）由建设部负责管理和对强制性条文的解释，由主编单位负责具体技术内容的解释。

本标准(规范、规程)主编单位：×××(地址：×××；邮政编码：×××)。

本标准(规范、规程)参加单位：×××、×××

本标准(规范、规程)主要起草人员：×××、×××

(2) 条文说明前言

《×××标准(规范、规程)》(CJJ、JGJ×××—×××)，经建设部20××年××月××日以第××号公告批准发布。

本标准第一版的主编单位是×××，参加单位是×××、×××(对修订的标准写此句)。

为便于广大设计、施工、科研、学校等单位有关人员在使用本标准时能正确理解和执行条文规定，《×××标准(规范、规程)》编制组按章、节、条顺序编制了本标准的条文说明，供使用者参考。在使用中如发现本条文说明有不妥之处，请将意见函寄×××(主编单位)。

4. 标准用词说明的规范写法

本标准(规范、规程)用词说明

1 为便于在执行本标准(规范、规程)条文时区别对待，对要求严格程度不同的用词说明如下：

1) 表示很严格，非这样做不可的：

正面词采用"必须"，反面词采用"严禁"；

2) 表示严格，在正常情况下均应这样做的：

正面词采用"应"，反面词采用"不应"或"不得"；

3) 表示允许稍有选择，在条件许可时首先应这样做的：

正面词采用"宜"，反面词采用"不宜"；

表示有选择，在一定条件下可以这样做的，采用"可"。

2 条文中指明应按其他有关标准执行的写法为："应符合……的规定"或"应按……执行"。

29

附录一 工程建设行业标准技术归口单位情况表

工程建设行业标准技术归口单位情况表

序号	归口单位	通讯地址	邮编	姓名	性别	职务/职称	归口单位职务	电话	Email
1	勘察与岩土工程标准技术归口单位（建设综合勘察研究院）	北京市东城区东直门内大街177号	100007	周红	女	高工	组长	010-84032441	zhouh@cigis.com.cn
				顾宝和	男	勘察大师	成员		
				苏贻冰	男	高工	成员	010-64013366-513	
2	城市规划标准技术归口单位（中国城市规划设计研究院）	北京三里河路9号	100037	王静霞	女	教授级高工	组长		
				万犇	女	副主任、规划师	成员	010-68330043	wanpei123@tom.com
				何冠杰	女	规划师	成员		
				戴月	女	教授级高工	成员		
3	城镇建设标准技术归口单位（城市建设研究院）	北京市朝阳区惠新南里二号院	100029	赵洪才	男	副院长、高工	组长	010-64944054	
				吕士健	男	所长、高工	副组长	010-64970758	cjbz@public3.bat.net.cn
				王磐岩	女	副所长、高工（园林）	成员	010-64921199-2007	wpyzpf@sohu.com

续表

序号	归口单位	通讯地址	邮编	姓名	性别	职务/职称	归口单位职务	电话	Email
3	城镇建设标准技术归口单位(城市建设研究院)	北京市朝阳区惠新南里二号院	100029	宋序彤	男	教授级高工(给排水)	成员	010-64921199	
				李国祥	男	高工(供热)	成员	010-64970758	
				杨健	男	高工(供热)	成员	010-64921199-2008	
				何萱	女	工程师	成员	010-64921199-2554	
				李金路	男	所长、高工	成员	010-64921199-2007	
				何宗华	男	教授级高工(公交)	成员	010-64921199-2868	
4	城镇道路桥梁标准技术归口单位(北京市市政工程设计研究总院)	北京市西城月坛南街乙2号	100045	刘桂生	男	副院长、高工	组长	010-68033928	
				张均任	男	教授级高工	成员	010-68024694	
				包琦玮	女	副总工、教授级高工	成员	010-68024669	baoqiwei@bgmedri.cn.net
5	城镇燃气标准技术归口单位(中国市政工程华北设计研究院)	天津市河西区气象台路	300074	陈云玉	女	高工	组长	022-23545354	rg-Cyy@eyou.com
				金石坚	男	教授级高工	成员	022-23545356	

续表

序号	归口单位	通讯地址	邮编	姓名	性别	职务/职称	归口单位职务	电话	Email
6	城镇环境卫生标准技术归口单位（上海市市容环境卫生管理局）	上海市铜仁路331号1506室	200040	周冰	女	处长/助理研究员	组长	021-62899510 13301757958	
		上海市铜仁路331号1506室	200040	郭宝坚	男	副处长/高工	成员	021-62473288-1619 13901740312	
		上海市石龙路345弄12号	200232	张益	男	副院长/教授级高工	成员	021-54085372 13331859955	
7	村镇建设标准技术归口单位（中国建筑技术研究院）	北京西车公庄外大街19号	100044	任世英	男	总规划师/研究员/高级规划师	组长	010-58933557	xiongyan7711@sohu.con
				冯新刚	男	助理工程师	成员	010-88388568-326	
				顾均	男	总建筑师	组长	010-68302861	
				孙英	女	副院长	成员	010-68302866	
8	建筑设计标准技术归口单位（中国建筑设计研究院）	北京西车公庄外大街19号	100044	张华	男	教授级高工（建筑）	成员	010-88361155-206	changh@chinabuilding.com.cn
				郭景	女	高级建筑师	成员	010-88361155-203	
				孙成群	男	教授级高工（电气）	成员	010-88361155-278	
				孙兰	女	高工（电气）	成员	010-58933694	

续表

序号	归口单位	通讯地址	邮编	姓名	性别	职务/职称	归口单位职务	电话	Email
9	建筑工程标准技术归口单位(中国建筑科学研究院)	北京市北三环东路30号 Email: jgbzcabr@vip.sina.com		袁振隆	男	副院长/教授级高工	组长(主管)	010-84272233-2708	
			100013	程志军	男	副主任/副研究员	副组长(施工与质量控制)	010-84288247	chengzhijun@cabrtech.com
				丁玉琴	女	研究员	成员(强制性条文)	010-84287877	dyqcabr@yahoo.com.cn
				戎君明	男	研究员	成员(强制性条文)	010-84287877	rongjunming@vip.sina.com
		北京西外公车庄大街19号	100044	林海燕	男	所长/研究所	成员(建筑物理)	010-68314033	linhaiy@bj163.com
				徐伟	男	所长/研究所	成员(空调净化)	010-84270105	
		北京市北三环东路30号 Email: jgbzcabr@vip.sina.com	100013	张仁瑜	男	所长/高工	成员(工程材料)	010-84286661	
				赵基达	男	所长/研究员	成员(建筑结构)	010-84282734	

续表

序号	归口单位	通讯地址	邮编	姓名	性别	职务/职称	归口单位职务	电话	Email
9	建筑工程标准技术归口单位（中国建筑科学研究院）	北京市北三环东路30号 Email: jgbzcabr@vip.sina.com	100013	程绍革	男	副所长/研究员	成员（工程抗震）	010-84272233-2456	
				滕延京	男	所长/研究员	成员（地基基础）	010-84271590	
				姜 红	女	副主任/教授级高工	成员（检测仪表）	010-84272233-2746	
10	建筑安全标准技术归口单位（中国建筑业协会建筑安全分会）	北京三里河路9号	100835	秦春芳	女	主任/高工	组长	010-68998264	wly880530@sohu.com
				宗竹芝	男	秘书长/高工	成员	010-68998264	
11	房地产标准技术归口单位（上海房屋管理科学技术研究院）	上海市复兴西路193号	200031	林 驹	男	院长/高工	组长	021-64718289	
				顾方兆	男	高工	成员	021-64672661	
12	城市轨道交通技术归口单位（建设部地铁与轻轨研究中心）	北京市车公庄西路5号	100044	秦国栋	男	副主任/高工	组长	010-68343574	
				张素燕	女	工程师	成员		

附录二 有关法规文件

关于印发《工程建设标准编写规定》和《工程建设标准出版印刷规定》的通知

(建标[1996]626号)

国务院各有关部门建设司(科教司)，各省、自治区、直辖市建委(建设厅)，各计划单列市建委，各有关单位：

为了统一工程建设标准编写和出版印刷的要求，提高工程建设标准质量，我部组织制定了《工程建设标准编写规定》和《工程建设标准出版印刷规定》(详见附件一、二)，自1997年1月1日起执行。

凡1997年1月1日前已经召开审查会议的标准，仍按原标准的编写和出版印刷要求执行。

中华人民共和国建设部
1996年12月13日

附件一 工程建设标准编写规定

第一章 总　则

第一条　为了统一工程建设标准的编写要求，保证标准的编写质量，便于标准的贯彻执行，制定本规定。

第二条　本规定适用于工程建设国家标准、行业标准和地方标准的编写。

企业标准中的技术标准的编写可参照本规定执行。

第三条　标准的构成和编写顺序，应符合下列规定：

一、前引部分

1. 封面；
2. 扉页；
3. 发布通知；
4. 前言；
5. 目次。

二、正文部分

1. 总则；
2. 术语和符号；
3. 技术内容。

三、补充部分

1. 附录；
2. 用词和用语说明。

第四条　在编写标准条文的同时，应编写标准的条文说明。

第二章　标准的构成

第一节　前引部分

第五条　标准的名称应简炼明确地反映标准的主题。

第六条　标准名称的确定，应符合下列规定：

一、标准的名称，宜由标准对象的名称、表明标准用途的术语和标准的类别属名三部分组成。

例如：钢结构　设计　规范

二、标准的类别属名，应根据标准的特点和性质确定，采用"标准"、"规范"或"规程"。

三、标准的名称应有英文译名。并应书写在标准封面的标准名称下面。

第七条　发布标准的通知，应包括下列内容：

一、标题及文号；

二、制定标准的任务来源、主编部门或单位以及标准的类别、级别和编号；

三、标准的施行日期；

四、标准修订后，被代替标准的名称、编号和废止日期；

五、批准部门需要说明的事项；

六、标准的管理部门或单位以及解释单位。

第八条　标准的前言，可包括下列内容：

一、制订(修订)标准的依据；

二、简述标准的主要技术内容；

三、对修订的标准，应简述主要内容的变更情况；

四、经授权负责本标准具体解释单位及地址；

五、标准编制的主编单位和参编单位；

六、参加标准编制的主要起草人名单。

注：标准的起草人应为自始至终参加标准编写工作的编制组成员。

第九条　标准的目次应从第1章按顺序列出各章、节、附录、用词用语说明的序号、标题及起始页码。标准的页码应起始于第1章，终止于用词用语说明。

第 二 节　正 文 部 分

第十条　标准的总则应按下列内容和顺序编写：

一、制定标准的目的；

二、标准的适用范围；

三、标准的共性要求；

四、相关标准。

第十一条 制定标准的目的，应概括地阐明制定该标准的理由和依据。

第十二条 标准的适用范围应与标准的名称及其规定的技术内容相一致。在包括的范围中，有不适用的内容时，应规定标准的不适用范围。

第十三条 标准的共性要求应为涉及整个标准的基本原则，或是与大部分章、节有关的基本要求。当内容较多时，可独立成章。

第十四条 相关标准应采用"……，除应符合本标准(规范或规程)外，尚应符合国家现行的有关强制性标准的规定"典型用语。

第十五条 标准中采用的术语和符号，当现行的标准中尚无统一规定，且需要给出定义或涵义时，可独立成章，集中列出。当内容少时，可不设此章。

第十六条 标准中符号的确定，应符合现行标准的有关规定。

当现行标准中没有规定时，应采用国际通用的符号。当无国际通用的符号时，应采用字母符号表示。

第十七条 标准中的计量单位，应采用国家规定的《中华人民共和国法定计量单位》，并应符合其使用方法。

第十八条 标准中技术内容的编写，应符合下列规定：

一、标准条文中，应规定需要遵守的准则和达到的技术要求以及采取的技术措施，不得叙述其目的或理由。

二、标准条文中，定性和定量应准确，并应有充分的依据。

三、纳入标准的技术内容，应成熟且行之有效。凡能用文字阐述的，不宜用图作规定。

四、标准之间不得相互抵触，相关的标准应协调一致。不得将其他标准的正文作为本标准的正文和附录。

五、标准的构成应合理、层次划分应清楚、编排格式应符合统一要求。

六、标准的技术内容应准确无误，文字表达应简炼明确、通俗易懂、逻辑严谨，不得模棱两可。

七、表示严格程度的用词应准确。

八、同一术语或符号应表达同一概念，同一概念应始终采用同一术语或符号。

九、公式应只给出最后的表达式，不应列出推导过程。在公式符号的解释中，可包括简单的参数取值规定，不得作其他技术性规定。

第十九条 对专门的术语标准或符号标准的技术内容构成可按现行国家标准《术语标准编写规定》GB 1.6 和《符号、代号标准编写规定》GB 1.5 的规定执行。

第三节 补充部分

第二十条 附录中的技术内容应属于标准的组成部分，具有与标准正文同等的效力。列入附录的内容应与正文有关，并为条文所引用。

第二十一条 标准的用词和用语说明应采用规定的典型格式。

第三章 标准的层次划分及编号

第一节 层次种类

第二十二条 标准正文应按章、节、条、款、项划分层次，并按先主体、先共性的原则，进行同一层次排序。

第二十三条 章是标准的分类单元，节是标准的分组单元，条是标准的基本单元。条应表达一个具体内容，当其层次较多时，可细分为款，款亦可再分成项。

第二节 层次编号

第二十四条 标准的章、节、条编号应采用阿拉伯数字，层次之间加圆点，圆点应加在数字的下角。

第二十五条 章的编号应在一个标准内自始至终连续；节的

编号应在所属章内连续，当章内不分节时，节的编号应采用"0"表示；条的编号应在所属的节内连续。

第二十六条 款的编号应采用阿拉伯数字，项的编号应采用带右半括号的阿拉伯数字。款的编号应在所属的条内连续。项的编号应在所属的款内连续。

第三节 附　　录

第二十七条 标准附录的层次划分和编号方法与正文相同，但附录的编号应采用大写正体拉丁字母，从"A"起连续编号。编号应写在"附录"两字后面。附录的编号不得采用I、O。

第二十八条 标准用词和用语说明应接在附录的最后。

第四章　标准的排列格式

第二十九条 标准条文中的每章应另起一页书写。"章"、"节"应设置标题，其排列格式应在"章"、"节"号后空一字加标题居中；"条"号的排列格式从左起顶格书写；"款"号从左起空二字书写；"条"、"款"的内容应在编号后空一字书写，换行时应顶格书写。"项"号应左起空三字书写，其内容应在编号后接写，换行时应与上行首字对齐。若条文分段叙述时，每段第一行均左起空二字书写。

第三十条 在标准条文表述中，对几个并列的要素，可采用分项排列用破折号接写。例如：

在维修古建筑时，应保存下列原来的内容：
——建筑形式；
——建筑结构；
——建筑材料；
——工艺技术。

第三十一条 对术语、符号一章，术语节中内容可包括术语名称和英文名称及其定义，各术语应按条编号。术语名称和英文名称应在编号后空一字书写，术语名称后空两字书写英文对应词，术语定义应在英文名称换行后空两字书写。

第三十二条 对术语、符号一章，符号节中内容可包括符号及其涵义，符号与涵义之间加破折号，符号的计量单位不宜列出。各个符号不宜编号，但应按字母顺序排列；对性质相同的多个字母符号可编一个条号予以概括。

第三十三条 标准条文的附录应与正文挂钩，并应按在正文中出现的先后顺序依次编排，附录应设置标题，标题在附录号后空一字居中书写；每个附录应另起一页书写。

第五章 引用标准

第三十四条 当标准中涉及的内容在有关的标准中已有规定时，应引用这些标准代替详细规定，不得重复被引用标准中相关条文的内容。

第三十五条 对标准条文中引用的标准在其修订后不再适用，应指明被引用标准的名称和编号。

第三十六条 对标准条文中被引用的标准在修订后仍然适用，应指明被引用标准的名称，其后可写标准的代号和顺序号，不写年代号。

第三十七条 在本标准条文中引用其他条文时，应采用"符合本标准第5.2.3条的规定"或"按本标准第5.2.3条的规定采用"等典型用语。

第三十八条 在本标准条文中引用其他表、公式时，应分别采用"按本标准表5.2.3的规定取值"和"按本标准公式(5.2.3)计算"等典型用语。

第六章 编写细则

第一节 一般规定

第三十九条 标准的编号应符合工程建设标准管理办法的规定。标准一经编号，其顺序号不应改变，如经修订重新发布，应将原标准发布年代号改为该标准重新发布的年代号。

第四十条 标准的封面及扉页，应按《工程建设标准出版印刷规定》的格式编写。

第二节 标准执行程度用词和典型用语

第四十一条 对标准的适用范围可采用"本标准适用于……"的用语，当需要时也可增加"不适用于……"的用语。

第四十二条 对执行标准严格程度的用词，应采用下列写法：
一、表示很严格，非这样做不可的用词
正面词采用"必须"，反面词采用"严禁"；
二、表示严格，在正常情况均应这样做的用词
正面词采用"应"，反面词采用"不应"或"不得"；
三、表示允许稍有选择，在条件许可时首先应这样做的用词
正面词采用"宜"，反面词采用"不宜"。
表示有选择，在一定条件下可以这样做的，采用"可"。

第四十三条 标准条文中，"条"、"款"之间承上启下的连接用语，宜采用"符合下列规定"、"遵守下列规定"或"符合下列要求"等写法表示。

第三节 表

第四十四条 表应有表名，列于表格上方。

第四十五条 条文中的表应按条号前加"表"字编号，并列于表格的左上方。当一个条文中有多个表时，可在条号后加表的顺序号。例如第3.2.5条的两个表，其表编号应分别为"表3.2.5-1"、"表3.2.5-2"。表的编号后空一字列出表名并居中排列。例如：

表6.3.2 采暖对冻融的影响系数 Ψ_t

室内外地面高差(mm)	外墙中段	外墙角段
≤300	0.70	0.85
≥750	1.00	1.00

第四十六条 表应排在有关条文的附近,与条文的内容相呼应,并可采用"符合表 5.2.3 规定"或"按照表 5.2.3 的规定确定"等典型用语。

表中的栏目和数值可根据情况横列或竖列。当遇大表格须跨两页及以上时,应在每页重复表的编号,并在续排表的编号前加"续表"二字。

第四十七条 表内数值对应位置应对齐,表栏中文字或数字相同时,应重复写出。当表栏中无内容时,应以短横线表示,不留空白。

第四十八条 表中各栏数值的计量单位相同时,应将计量单位写在表名的右方或正下方。若计量单位不同时,应将计量单位分别写在各栏标题或各栏数值的右方或正下方。表名和表栏标题中的计量单位宜加圆括号。

第四十九条 附录中表的编号方法与正文相同。例如附录 A 中第 A.2.3 条的两个表分别表示为"表 A.2.3-1",和"表 A.2.3-2"。

第五十条 当一个附录中内容仅有一个表时,可不编节、条号,仅在附录号前加"表"字编号,例如附录 C 仅有一个表,其编号为"表 C"。

第四节 公 式

第五十一条 条文中的公式应按条号编号,并加圆括号,列于公式右侧顶格。当同一条文中有多个公式时,应连续编号,例如(5.2.3-1)、(5.2.3-2)。

第五十二条 条文中的公式应居中书写。

第五十三条 公式应接排在有关条文的后面,与条文的内容相呼应,并可采用"按下式计算"或"按下列公式计算"等典型用语。

第五十四条 公式中符号的意义和计量单位,应在公式下方"式中"二字后注释。公式中多次出现的符号,应在第一次出现时加以注释,以后出现时不宜再重复注释。

第五十五条 "式中"的注释不得出现公式。当"式中"某项符号注释的内容较多时,可另立条或款编写。"式中"二字应左起顶格,空一字后接写需注释的符号。符号与注释之间应加破折号。每条注释均应另起一行书写。若注释内容较多需要回行时,文字应在破折号后对齐,各破折号也应对齐。

第五十六条 附录中公式的编号方法与正文相同。

第五节 图

第五十七条 图应有图名,列于图下方居中。

第五十八条 条文中的图应按条号前加"图"字编号。当一个条文中有多个图时,可在条文号后加图的顺序号,例如第3.2.5条的两个图,其图号应分别为"图3.2.5-1"、"图3.2.5-2"。

第五十九条 对几个分图组成一个图号的图,在每个分图左下方采用(a)、(b)、(c)……顺序编号并书写分图名。

第六十条 图应排在有关条文的附近。在条文叙述中用图做辅助规定时,可在有关条文内容之后,采用括号标出图的编号。

第六十一条 附录中图的编号方法与正文相同。例如附录A中第A.2.3条的两个图分别表示为"图A.2.3-1",和"图A.2.3-2"。当一个附录中内容仅有一个图时,可不编节、条号,仅在附录号前加"图"字编号,例如附录C仅有一个图,共编号为"图C"。

第六十二条 图中不宜写文字,仅标以图注号1、2、3、……或a、b、c……图注应在图的下方排列,图的编号及图名应

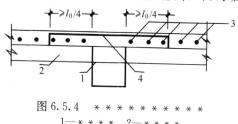

图6.5.4 ＊＊＊＊＊＊＊＊＊＊
1—＊＊＊＊　2—＊＊＊＊
3—＊＊＊＊　4—＊＊＊＊

在图注的上方。例如：

第六节　标准中的数值写法

第六十三条　数值应采用正体阿拉伯数字。但在叙述性文字段中，对10以内的数字，有的可采用中文数字书写。例如"三力作用于一点"。

第六十四条　分数、百分数和比例数的书写，应采用数学记号表示。其中分数宜改用小数表示，例如：四分之三、百分之三十四和一比三点五，应分别写成3/4（或0.75）、34%和1∶3.5。

第六十五条　当书写的数值小于1时，必须写出前定位的"0"。小数点应采用圆点，齐底线书写，例如0.001。

第六十六条　标准中标明量的数值，应反映出所需要的精确度。数值的有效位数应全部写出。例如级差为0.25的数列，数列中的每一个数均应精确到小数点后第二位：

正确的书写：1.50，1.75，2.00

不正确的书写：1.5，1.75，2

第六十七条　当多位数的数值需采用乘以10^n（n为整数）的写法表示时，有效位数中的"0"必须全部写出。例如：100000这个数，若已明确其有效位数是三位，则应写成$100×10^3$，若有效位数是一位则应写成$1×10^5$。

第六十八条　带有表示偏差范围的数值应按下列方式书写：

$20±2℃$，　　　不应写成$20℃±2℃$；

$20^{+2}_{-1}℃$，　　　不应写成$20℃^{+2}_{-1}℃$；

$0.65±0.05$，　不应写成$0.65±.05$；

$50^{+2}_{0}mm$，　不应写成$50^{+2}_{±0}mm$。

在叙述性文字段中，描述绝对值相等的偏差范围时，应采用"允许偏差为"的用词，不应写成大于（或小于）、超过等。例如尺寸的允许偏差为±2mm，不应写成尺寸的允许偏差不超过±2mm。

第六十九条　表示参数范围的数值，应按下列的方式书写：

10～15N，不应写成10N～15N；

10%～12%，不应写成 10～20%；

1.1×10^5～1.3×10^5，不应写成 1.1～1.3×10^5；

18°～36°30′，不应写成 18～36°30′。

第七十条 带有长度单位的数值相乘，应按下列方式书写：

外形尺寸 $l×b×h$（mm）：240×120×60，或 240mm×120mm×60mm，不应写成 240×120×60mm。

第七节 计量单位与符号

第七十一条 在标准条文中，计量单位凡前面有量值的应采用单位的符号表示。单位符号应采用正体字母。

第七十二条 当标准条文中列有同一计量单位的一系列数值时，可仅在最末一个数字后写出计量单位的符号，例如：10、12、14、16MPa。

第七十三条 符号代表特定的概念，代号代表特定的事物。在条文叙述中，不得使用符号代替文字说明。

第七十四条 在标准中应正确使用符号。主体符号应采用斜体字母；上、下标应采用正体字母，其中代表序数的 i、j 为斜体；代号应采用正体字母，例如：

正确书写	不正确书写
（1）钢筋每米重量	（1）钢筋每 m 重量
（2）其搭接长度应大于 12 倍板厚	（2）其搭接长度应＞12 倍板厚
（3）测量结果以百分数表示	（3）测量结果以% 表示

第八节 标点符号和简化字

第七十五条 图名、表名、公式、表栏标题，不宜用标点符号；表中文字使用标点符号，最末一句不用句号。

第七十六条 文字叙述中的括号宜采用"（ ）"。

第七十七条 句号应采用"。"，不采用"."；范围号应采用"～"，不采用"—"；连接号应采用"-"，只占半格，写在字间；

破折号占两字。

第七十八条 书写时，标点符号均占一格。各行开始的第一格除引号、括号、省略号和书名号外，不得书写其他标点符号，标点符号可书写在上行行末，但不占一格。

第七十九条 "注"中或公式的"式中"，其中间注释结束后加分号，最后注释结束后加句号。

第八十条 条文中应采用国家正式公布实施的简化汉字。

第九节 注

第八十一条 注应采用1、2、3……顺序编号。注的内容应比正文的内容小一号字。

第八十二条 条文中的注释宜列于条文说明中，当确有必要时；可在条文的下方列出。"注"中不得出现图、表或公式。

第八十三条 表注可对表的内容作补充的说明或补充规定。表注列于表格的下方，采用"注"与其他注释区分。

第八十四条 图注不应对图的内容作规定，仅对图的理解作说明。图注列于图的下方。

第八十五条 角注可对条文或表中的内容作解释说明，术语和符号不得采用角注。角注应标注在所需注释内容的右上角。

第八十六条 "注"的排列格式应另起一行列于所属条文下方，左起空二字书写，在"注"字后加冒号，接写注释内容。每条注释换行书写时，应与上行注释的首字对齐。

第七章 标准条文说明的编写

第八十七条 标准条文说明中应包括标准的名称、制订（或修订）说明、目次、分条说明的内容。

第八十八条 条文说明的章节标题和编号与条文相一致。当多条合写说明时，可用"～"简写。例如：3.2.2～3.2.6。

第八十九条 条文说明的编写应符合下列要求：

一、按标准的章、节、条顺序编写。并宜以条为基础进行说明、术语、符号标准可按节或章进行说明。

二、条文说明必须与条文内容一致，并应说明其规定的主要依据及执行条文时的注意事项。

三、不得对标准条文的内容作补充规定或加以引伸。

四、当相邻条文内容相近时，可合写其说明。当有些条文简单明了无需说明时，可不作说明。

五、不得写入涉及国家技术保密的内容和保密工程项目的名称、厂名等。

六、文字表达应针对性强、严谨明确、简炼易懂。

七、修订的标准，原条文说明应作相应的修改。修改的条文说明中应对新、旧标准条文进行对比，指出对原标准条文进行修改的必要性和依据。未修改的条文根据需要应重新进行说明。

第九十条　标准条文说明中的表格、图和公式，可分别采用阿拉伯数字按顺序流水编号。

第九十一条　条文说明中的内容不得采用注释。

第八章　附　　则

第九十二条　本规定由建设部标准定额司负责解释。

第九十三条　本规定自一九九七年一月一日起施行。

《工程建设标准编写规定》修改说明

《工程建设技术标准编写暂行办法》自1991年12月发布试行以来，对工程建设国家标准、行业标准和地方标准的编制工作，起到了重要的指导作用，在试行过程中，许多专家对修改完善该办法提出了不少的意见和建议。特别是ISO导则3(1989)和GB/T 1.1—1993的发布，出现了许多新的情况。在这种条件下，建设部标准定额司于1994年决定修改该办法，制定《工程建设标准编写规定》，现将本规定的编制情况、修改的主要原则等说明如下：

一、编制过程

《工程建设标准编写规定》是于 1994 年 8 月开始编制的。在编制过程中,我们参考了国际标准化组织 ISO 和 IEC 于 1989 年联合发布的导则第三部分《国际标准起草与表述规则》(以下简称 ISO 导则 3)和国家技术监督局发布的 GB/T 1.1—1993《标准化工作导则 第 1 单元标准的起草与表述规则 第 1 部分 标准编写的基本规定》(以下简称 GB/T 1.1),与此同时还借鉴了英国 BSI、德国 DIN 的有关标准编写的标准,明确了编写的指导原则并在暂行办法的基础上形成了征求意见稿。

1994 年 11 月我们将征求意见稿印发各部门和地方工程建设标准化主管部门、标准归口管理单位、中国工程建设标准化协会及其各专业委员会、国家标准管理组等,近 300 个单位征求意见。在此基础上,我们于 1995 年 3 月在京召开了专家座谈会。根据征求意见返回的意见和座谈会的意见,我们进行了反复修改,于 1995 年 6 月向有关专家进行了专门咨询,使之更加完善。在整个过程中,先后八易其稿。

二、修改的主要原则

1. 与暂行办法相衔接,对暂行办法执行中反映意见多的地方进行重点修改。

2. 本着"形式服从内容"的指导思想,力求使本规定的内容准确完整反映工程建设标准的特点,做到在起草工程建设标准时,不限制技术内容的表达。

3. 借鉴 ISO 导则 3 和 GB/T 1.1 的规定,并向国际标准编写的要求靠拢。

4. 遵守我国汉语的表达习惯,兼顾国内和国际两个市场,对 ISO 导则 3 和 GB 1.1 中不符合中文习惯的地方,尽量不用。

5. 扩大适用范围,考虑到编写规定是工程建设标准领域中一项重要的规范性文件,因此,各类标准的编写应统一,以便于交流。

6. 修改并增加引用标准的有关规定。

三、重大修改

1. 标准的"前言"

原编写办法中取消了在标准正文中的"编制说明",而在条文说明中设置了"前言"。在这次修订中根据 GB/T 1.1 和 ISO 导则 3 的有关规定,在标准的正文中增加了"前言",增加"前言"的目的在于对标准编制过程和修订等问题进行说明,这种"前言"具有一定的权威性和约束性。

2. 标准的用词说明

在 ISO 导则 3 中对标准的助动词形式规定为:shall. should. may. can 四级,GB/T 1.1 也增加了这方面的内容,为此,我们对标准的用词提出了三个方案。第一个方案为仍按原编写办法的规定;第二个方案国际标准的方案;第三个方案为下列内容:

(1) 表示很严格,非这样做不可的用词

正面词采用"必须",反面词采用"严禁";

(2) 表示严格,在正常情况均应这样做的用词

正面词采用"应",反面词采用"不应"或"不得";

(3) 表示允许稍有选择,在条件许可时首先应这样做的用词

正面词采用"宜",反面词采用"不宜"。

表示允许有选择,在一定条件下可以这样做的,采用"可"。

第三方案既考虑了向国际标准的靠拢,又照顾了工程建设标准规范的特点。在征求意见过程中,这一方案得到了有关方面的认可,但由于"宜"与"可"在汉语的表达中不宜分为两个层次。因此,"宜"与"可"虽然分开,但是仍属于同一层次。

3. 增加了术语、符号章的具体编写,并对符号、代号做了区分。符号包括:数字符号、文字符号、字母符号、代号、图形符号。其中,字母符号是以拉丁字母、希腊字母为主要特征,表达一定概念的符号,例如 A(截面面积);代号是以拉丁字母为主要特征,表达一定事物的符号,例如 C(混凝土)。

4. 引用标准

过去在引用标准的规定中,缺少对标准编号的利用,因此这次将引用标准的编号给出了一定的位置。同时,对于各级标准之间的引用,相关标准的引用,本标准内容间的引用都做了规定。

5. 文本格式

在暂行办法中的文本格式采用了行政文件的写法,在征求意见过程中大家提出,编写规定本身应该作为一种样板,采用标准的形式好一些。但是,本编写规定是以行政文件印发的,它的格式应符合行政文件的格式,因此,我们在工程建设标准编写规定条文说明中,列举了编写的示例,以便于理解该编写规定。

6. 增加了并列排列的表达方式。

7. 修改了标准名称的确定原则。

8. 款的编号由四位编号修改为1、2、3……。

9. 取消了附加说明,将标准的主编单位、参编单位和主要起草人移到标准的前言中。

四、工程建设标准编写规定条文说明

第一章 总 则

第一条 本条主要规定了编制的目的。将"技术标准"改为"标准",这主要与其他法规的写法一致。

第二条 本条主要规定了适用范围。它既包括各级标准,又包括强制性标准和推荐性标准。

考虑到企业标准中的技术标准与上级标准的接轨,形成一个系列,增加了企业技术标准。

第三条 将标准的前言作为标准的前引部分,将标准的用词说明作为标准的补充部分。

第二章 标准的构成

第一节 前引部分

第六条 标准的名称采用了主副标题法,其名称由对象的名称、表明标准用途的术语和标准的类别属名三部分组成。对于标准的类别属名过去用得较乱，现在均统一到标准、规范、规程上来。

第七条 标准的发布通知将由标准的批准部门以行政文件的形式出现，主要由标准的批准部门起草。

第八条 标准的前言由两部分组成，第一～四款的内容与过去规定编制（或修订）说明内容基本相同，第四、五款和注的内容与过去标准的附加说明的内容基本相同。

第二节 正文部分

第十一～十四条 这一部分主要是对标准总则编写的规定。它与过去的规定基本上一致。

第十五条 这是对术语、符号章的规定，由于这一章是新规定的内容，其编写格式与过去不一样，在这里举例说明：

表 1 术语、符号章格式示例

2.1 术　　语

2.1.1 工程结构　building and civil engineering structures
　房屋建筑和土木工程的建筑物和构筑及相关组成部分的总称。

2.1.2 剪力墙（结构墙）结构　shearwall sturcture
　　在高层和多层建筑中，剪力墙和框架共同承受竖向和水平作用的一种组合型结构。

2.1.3 地基　foundation soil；subgrade；subbase；ground
　　支承由地基传递或直接由上部结构传递的各种作用的土体或岩体。未经加工处理的称为天然地基。

．．．．．．．．．．．．．．．．．．．．．．．．．．．．．．．．．．

2.2 符　　号

2.2.1 作用及作用效应
　　M——弯矩
　　N——轴向力
　　V——剪力
　　p——基础底面压力

续表

```
    w_k ——风荷载标准值
    θ ——楼层角位移
2.2.2 几何参数
    A ——构件截面面积
    B ——结构总宽度
    H ——总高度
    d ——土层深度或厚度；钢筋或烟囱直径
2.2.3 其他
    T ——结构自振周期
    I_lE ——地震时地基的液化指数
..........................................
```

第十六条 本条主要是对符号用字作规定。对于国际标准和现行标准中已有规定者，按照这些标准执行；对于国际标准和现行标准中没有规定，需要自造符号时，可以采用英文字母，也可以采用汉语拼音字母。为了与国际接轨，优先采用英文字母。

第十七条 计量单位的使用要符合《中华人民共和国法定计量单位》和《中华人民共和国法定计量单位使用方法》的规定。对于量与单位有专门的国家标准，在编写中也要执行。

第十八条 标准的技术内容的编写是标准编制的核心，在一些标准化管理文件规定中均从不同的角度对制定标准做了规定，但本条所包括的原则主要是针对编写过程中的要求。

第十九条 一个术语的技术内容构成包括：术语名称、推荐英文对应词、术语定义等三部分，一个符号的技术内容构成包括：符号形状、符号的定义。对于专门的术语、符号标准要符合术语、符号标准编写的基本规定，而其他的编排格式、层次划分要符合本规定的规定。在专门的符号标准中不能规定该符号的计量单位。

第三节 补充部分

第二十~二十一条 该部分的内容包括附录和用词用语说

明，其中用词用语说明不编附录号，采用了统一格式，列在标准正文的最后。

在暂行办法中的附加说明内容，由于主要涉及标准编制单位和人员的名单，按照 GB/T 1.1 的规定，全部移到标准的前言中，这也便于标准在合订出版中，使得编制单位和人员的信息突出。

第三章　标准的层次划分及编号

第二十二～二十八条　修改了"款"和"项"的编号，主要在于方便排版和计算机的输入，同时也与 ISO 的规定相符合。

增加了"注"的规定，并对将"I、O"不作为附录的编号作了明确的规定。

层次划分及编号示例如下：

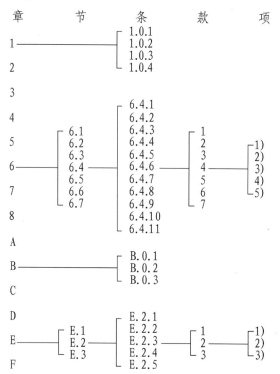

第四章 标准的排列格式

第二十九条～三十三条 主要规定了排列格式，为了方便理解现列出排列格式示例：

```
                1  总    则
1.0.1 ************************************
********

                2  术语、符号
            2.1  术语
            2.2  符号
                3  基本规定
            3.1  （标题）
3.1.2 ************************************
********
        ——************
        ——************
        ——************
3.1.3 *******************
    1 *******************
        ——************
        ——************
    2 *******************
        ——************
        ——************
    3 ************************************
********
            3.2  （标题）
3.2.1 *******************
    1 *******************
    2 *******************
        1) **************
        2) **************
        3) **************
    3 *******************
                4  （标题）
            4.2  （标题）
4.2.1 ************************************
********
    注：1 **************
        2 **************
        3 **************
```

第五章 引用标准

第三十五条 这类标准引用，除了写明标准的名称外，还要写明标准的编号，标准的编号包括标准的代号、标准的顺序号和年代号。

第三十六条 省略年代号的引用，便于对标准的局部修订后也能适用。

第六章 编写细则

第一节 一般规定

第四十条 《工程建设标准出版印刷规定》除了规定标准的封面和扉页格式，还规定了在排版中文字的字号和出版的要求。

第三节 表

第四十五条 将表格的编号改为放在标题的左边，主要与ISO一致；增加了对表栏标题可用符号代替的规定。

第四节 公式

第五十五条 增加了对"式中"的规定。对式中的注释，不要再出现公式，此时可将所有的公式统一列出一并注释。

第五节 图

第五十八条 将"插图"改为"图"。图中所附内容的排列格式见规定的示例。图注是指图中各组成部分代号的注释。

附件二 工程建设标准出版印刷规定

第一条 为了统一工程建设标准及标准条文说明的幅面大小和出版印刷的格式、字体、字号，提高出版印刷质量，制定本规定。

第二条 本规定适用于工程建设国家标准、行业标准和地方标准的出版印刷。

企业标准中的技术标准的出版印刷可参照本规定执行。

第三条 工程建设标准的出版印刷除应符合本规定的要求外，尚应遵守《工程建设标准编写规定》的有关规定。

第四条 标准的幅面尺寸为850mm×1168mm的1/32（大32开），允许偏差±1mm。当出版印刷标准汇编本时，可采用其他幅面尺寸。

第五条 当标准中的图样、表格等不能缩小时，标准幅面可按实际需要延长或加宽，倍数不限。但在装订时应小于本规定的幅面尺寸。

第六条 标准及标准条文说明的字号和字体应符合附件一的规定。

第七条 标准及标准条文说明的封面格式和扉页格式应符合附件二的规定。

第八条 标准编号中的标准代号与顺序号之间不应空字。

第九条 标准的英文译名，第一个字母应采用大写英文字母排版，其他一律采用小写英文字母排版。英文译名与标准名称的行间距为5mm。

第十条 标准的目次和正文中的每个章、附录及附加说明应另起一页排版。"章"、"节"必须有标题。"章"、"节"号后空一个字加标题居中排版；"条"号应从左起顶格排版；"款"号从左起空两字排版；条文内容应在编号后空一字排版，以下各行均应顶格排版。当条文需要分段时，每段第一行均应从左起空两字排版，"项"号从左起空三字排版，其内容应在编号后接写，换行时应与首字对齐。

第十一条 附录的编号应采用大写字母排版从"A"起连续编号。编号应排列在"附录"后面，空一字加标题居中排版。

第十二条 正文中的"注"应采用1、2、3……序号编号，"注"的排版格式应另起一行列于所属条文下方，左起空两字排版，在"注"字后面加冒号，接排注释内容，每条注移行排版时应与上一行注释的第一个字对齐。中间各条注释结束后加分号或句号，最后一条注释结束后加句号。

第十三条 标准中术语及定义的排版应在每条术语后面空一个字接排英文对应词。术语的定义另起一行排版，左端空两字书写，回行时应顶格排版。

第十四条 标准中的公式，应另起一行居中排版，复杂而冗长的公式宜在等号处转行，当做不到时，应在运算符号处转行。公式下面的"式中"两字另行左起顶格排版，所要注释的符号应按公式中的先后顺序排版，破折号应一律对齐。

第十五条 标准中的所有插图均应用硫酸纸绘制清楚。其底图的排版应符合下列要求：

一、当插图为原大绘制时，其线型：实线中的主体轮廓线粗为 0.4mm，次要轮廓线为 0.25mm。虚线粗为 0.2mm。图中主体注记用 8P 宋体汉字。

二、当插图放大 1/5 倍绘制时，实线 0.5mm，虚线为 0.25mm，点画线为 0.125mm。其主体注记用 10.5P 宋体汉字、斜体数字及字母剪贴；上下角标用 8P 字剪贴。

三、当放大 2/5 倍时，实线 0.6mm，虚线为 0.3mm，点画线为 0.15mm。图中的主体注记用 14P 宋体汉字、斜体数字及字母剪贴，上下角标用 9P 字剪贴。

四、图的平行线间隔不应小于 3mm，圆圈直径不应小于 1.5mm。

五、图中的标记、尺寸数字等应用铅笔端正写在相应的位置上，由出版社剪贴制版。

第十六条 标准出版对文稿要求应符合下列规定：

一、标准及标准的条文说明的出版物必须经过严格的审查定稿，并备有标准批准部门的发布通知。

二、标准对技术内容应完整无误，图文齐全；章、节、条、款层次清楚；标准的编写方法和格式应符合《工程建设标准编写规定》。

三、标准的稿件中所有文字不得用铅笔书写；油印稿、晒图、复印稿字迹应清楚完整。稿件凡用铅笔勾画、涂改的部分，均不得作为定稿依据。

四、标准中的俄文、英文、希腊文、罗马数字以及阿拉伯数字等，须严格区分，书写清楚，并应用铅笔在旁边注明是何种文字及大小写、正斜体、上下角标等。

五、标准稿件中所有标点符号的用法应符合国务院公布的《标点符号用法》的规定。

附件一　标准及条文说明的字号和字体
附件二　标准及条文说明的封面和扉页格式

标准及条文说明的字号和字体

序号	页别	位置	文字内容	字体和字号
一	标准正文			
1	封面	左第一行	UDC	四号黑体
2	封面	右第一行	标准的标记符号	专用美术字体
3	封面	第一行	中华人民共和国国家标准	三号黑体
4	封面	第一行	中华人民共和国行业标准	三号黑体
5	封面	左第二行	P	三号黑体
6	封面	右第二行	标准编号	四号黑体
7	封面	第二行	标准名称	二号黑体
8	封面	第三行	标准英文名称	四号黑体
9	封面	左第三行	发布日期	四号黑体
10	封面	右第三行	实施日期	四号黑体
11	封面	第四行	国家技术监督局	三号黑体
12	封面		联合发布	三号黑体
13	封面	第五行	中华人民共和国建设部	三号黑体
14	扉页	第一行	中华人民共和国国家标准	四号黑体
15	扉页	第一行	中华人民共和国行业标准	四号黑体
16	扉页	第二行	标准名称	三号黑体
17	扉页	第三行	标准编号	五号黑体
18	扉页	第四行	主编部门	五号宋体
19	扉页	第五行	批准部门	五号宋体
20	扉页	第六行	出版社名称	三号长仿宋体
21	扉页	第七行	出版时间及地点	五号黑体
22	发布通知		通知名称	四号宋体
23	发布通知		文件编号	五号宋体
24	发布通知		通知内容	五号老宋体
25	发布通知		批准部门	五号黑体
26	前言	第一行	前言	四号黑体
27	前言	正文	前言正文	五号黑体
28	前言		本标准主编单位、参加单位和主要起草人名单	四号宋体
29			主编单位	五号黑体

续表

序号	页别	位置	文字内容	字体和字号
			参编单位	五号黑体
30			主要起草人	五号黑体
31	目次	第一行	目次	四号仿宋体
32	目次	正文	目次正文	五号宋体
33	各页	正文	标准正文	五号宋体
34	各页	正文	章的编号及标题	四号黑体
35	各页	正文	节的编号及标题	五号黑体
36	各页	正文	并列叙述条、款的编号	五号黑体
37	各页	正文	条文中的注、图注采用说明	六号宋体
38	各页	正文	条文中图名	小五宋体
39	各页	正文	表格中的文字	六号宋体
40	各页	正文	表题及表序号	小五号黑体
41	各页	正文	图中的数字和文字	六号老宋
42	各页	正文	公式、方程式、物理量符号	五号拉丁字母
			术语、符号	五号黑体
43	第二章		术语和符号的定义	五号宋体
44	附录	第一行	附录及其编号	四号黑体
45	末页		附加说明内容	五号宋体
二	条文说明			
46	封面	第一行	中华人民共和国国家标准	四号宋体
47	封面	第一行	中华人民共和国行业标准	四号宋体
48	封面	第二行	标准名称	二号黑体
49	封面	第三行	标准编号	四号黑体
50	封面	第四行	条文说明	三号宋体
51	封面	第五行	出版社名称	四号黑体
52	封面	第六行	出版时间及地点	五号黑体
53	制订说明	第一行	制订、修订说明	四号黑体
54	制订说明	第二行	说明内容	五号宋体
55	制订说明	到第二行	主编部门	五号黑体

注：条文说明的其他要求与标准正文相同。

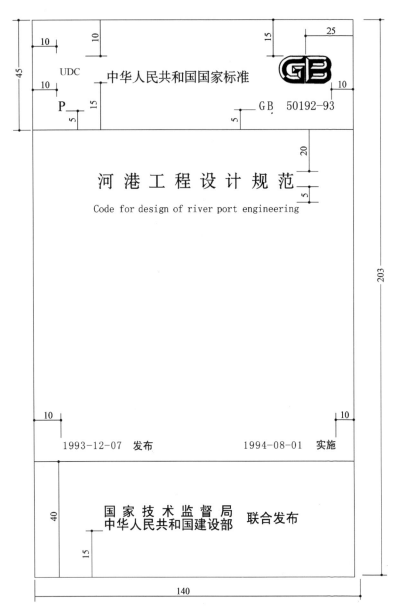

图1 国家标准封面格式

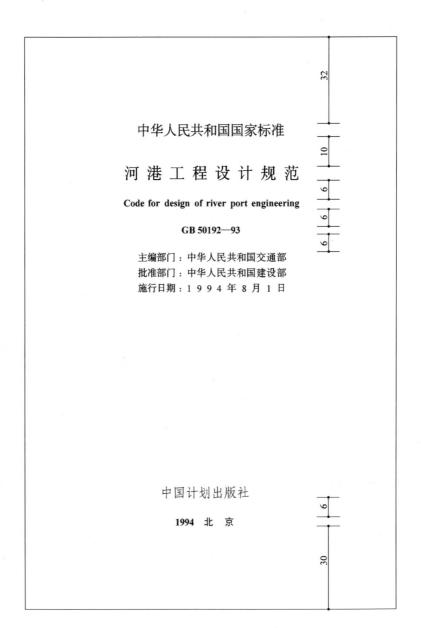

图 2 国家标准扉页格式

中华人民共和国国家标准

混凝土结构设计规范
GBJ 10—89
条文说明

1989 北京

图3 国家标准条文说明封面格式

中华人民共和国国家标准

混凝土结构设计规范

GBJ 10—89

条文说明

中国建筑科学研究院　主编

中国建筑工业出版社

图4　国家标准条文说明扉页格式

工程建设国家标准管理办法

(1992年12月30日中华人民共和国建设部令第24号发布)

总　　则

第一条　为了加强工程建设国家标准的管理，促进技术进步，保证工程质量，保障人体健康和人身、财产安全，根据《中华人民共和国标准化法》、《中华人民共和国标准化法实施条例》和国家有关工程建设的法律、行政法规，制定本办法。

第二条　对需要在全国范围内统一的下列技术要求，应当制定国家标准：

（一）工程建设勘察、规划、设计、施工(包括安装)及验收等通用的质量要求；

（二）工程建设通用的有关安全、卫生和环境保护的技术要求；

（三）工程建设通用的术语、符号、代号、量与单位、建筑模数和制图方法；

（四）工程建设通用的试验、检验和评定等方法；

（五）工程建设通用的信息技术要求；

（六）国家需要控制的其他工程建设通用的技术要求。

法律另有规定的，依照法律的规定执行。

第三条　国家标准分为强制性标准和推荐性标准。

下列标准属于强制性标准：

（一）工程建设勘察、规划、设计、施工(包括安装)及验收等通用的综合标准和重要的通用的质量标准；

（二）工程建设通用的有关安全、卫生和环境保护的标准；

（三）工程建设重要的通用的术语、符号、代号、量与单位、建筑模数和制图方法标准；

（四）工程建设重要的通用的试验、检验和评定方法等标准；

（五）工程建设重要的通用的信息技术标准；

（六）国家需要控制的其他工程建设通用的标准。

强制性标准以外的标准是推荐性标准。

国家标准的计划

第四条 国家标准的计划分为五年计划和年度计划。五年计划是编制年度计划的依据；年度计划是确定工作任务和组织编制标准的依据。

第五条 编制国家标准的计划，应当遵循下列原则：

（一）在国民经济发展的总目标和总方针的指导下进行，体现国家的技术、经济政策；

（二）适应工程建设和科学技术发展的需要；

（三）在充分做好调查研究和认真总结经验的基础上，根据工程建设标准体系表的要求，综合考虑相关标准之间的构成和协调配套；

（四）从实际出发，保证重点，统筹兼顾，根据需要和可能，分别轻重缓急，做好计划的综合平衡。

第六条 五年计划由计划编制纲要和计划项目两部分组成。其内容应当符合下列要求：

（一）计划编制纲要包括计划编制的依据、指导思想、预期目标、工作重点和实施计划的主要措施等；

（二）计划项目的内容包括标准名称、制订或修订、适用范围及其主要技术内容、主编部门、主编单位和起始年限等。

第七条 列入五年计划的国家标准制订项目应当落实主编单位，主编单位应当具备下列条件：

（一）承担过与该国家标准项目相应的工程建设勘察、规划、设计、施工或科研任务的企业、事业单位；

（二）具有较丰富的工程建设经验、较高的技术水平和组织管理水平，能组织解决国家标准编制中的重大技术问题。

第八条 列入五年计划的国家标准修订项目,其主编单位一般由原国家标准的管理单位承担。

第九条 五年计划的编制工作应当按下列程序进行:

(一)国务院工程建设行政主管部门根据国家编制国民经济和社会发展五年计划的原则和要求,统一部署编制国家标准五年计划的任务;

(二)国务院有关行政主管部门和省、自治区、直辖市工程建设行政主管部门,根据国务院工程建设行政主管部门统一部署的要求,提出五年计划建议草案,报国务院工程建设行政主管部门;

(三)国务院工程建设行政主管部门对五年计划建议草案进行汇总,在与各有关方面充分协商的基础上进行综合平衡,并提出五年计划草案,报国务院计划行政主管部门批准下达。

第十条 年度计划由计划编制的简要说明和计划项目两部分组成。计划项目的内容包括标准名称、制订或修订、适用范围及其主要技术内容、主编部门和主编单位、参加单位、起止年限、进度要求等。

第十一条 年度计划应当在五年计划的基础上进行编制。国家标准项目在列入年度计划之前由主编单位做好年度计划的前期工作,并提出前期工作报告,前期工作报告应当包括:国家标准项目名称、目的和作用、技术条件和成熟程度、与各类现行标准的关系、预期的经济效益和社会效益、建议参编单位和起止年限。

第十二条 列入年度计划的国家标准项目,应当具备下列条件:

(一)有年度计划的前期工作报告;

(二)有生产和建设的实践经验;

(三)相应的科研成果经过鉴定和验证,具备推广应用的条件;

(四)不与相关的国家标准重复或矛盾;

（五）参编单位已落实。

第十三条 年度计划的编制工作应当按下列程序进行：

（一）国务院有关行政主管部门和省、自治区、直辖市工程建设行政主管部门，应当根据五年计划的要求，分期分批地安排各国家标准项目的主编单位进行年度计划的前期工作；由主编单位提出的前期工作报告和年度计划项目表，报主管部门审查；

（二）国务院有关行政主管部门和省、自治区、直辖市工程建设行政主管部门，根据国务院工程建设行政主管部门当年的统一部署，做好所承担年度计划项目的落实工作并在规定期限前报国务院工程建设行政主管部门；

（三）国务院工程建设行政主管部门根据各主管部门提出的计划项目，经综合平衡后，编制工程建设国家标准的年度计划草案，在规定期限前报国务院计划行政主管部门批准下达。

第十四条 列入年度计划国家标准项目的主编单位应当按计划要求组织实施。在计划执行中遇有特殊情况，不能按原计划实施时，应当向主管部门提交申请变更计划的报告。各主管部门可根据实际情况提出调整计划的建议，经国务院工程建设行政主管部门批准后，按调整的计划组织实施。

第十五条 国家院各有关行政主管部门和省、自治区、直辖市工程建设行政主管部门对主管的国家标准项目计划执行情况负有监督和检查的责任，并负责协调解决计划执行中的重大问题。各主编单位在每年年底前将本年度计划执行情况和下年度的工作安排报行政主管部门，并报国务院工程建设行政主管部门备案。

国家标准的制订

第十六条 制订国家标准必须贯彻执行国家的有关法律、法规和方针、政策，密切结合自然条件，合理利用资源，充分考虑使用和维修的要求，做到安全适用、技术先进、经济合理。

第十七条 制订国家标准，对需要进行科学试验或测试验证的项目，应当纳入各级主管部门的科研计划，认真组织实施，写出成果报告。凡经过行政主管部门或受委托单位鉴定，技术上成熟，经济上合理的项目应当纳入标准。

第十八条 制订国家标准应当积极采用新技术、新工艺、新设备、新材料。纳入标准的新技术、新工艺、新设备、新材料，应当经有关主管部门或受委托单位鉴定，有完整的技术文件，且经实践检验行之有效。

第十九条 制订国家标准要积极采用国际标准和国外先进标准，凡经过认真分析论证或测试验证，并且符合我国国情的，应当纳入国家标准。

第二十条 制订国家标准，其条文规定应当严谨明确，文句简炼，不得模棱两可；其内容深度、术语、符号、计量单位等应当前后一致，不得矛盾。

第二十一条 制订国家标准必须做好与现行相关标准之间的协调工作。对需要与现行工程建设国家标准协调的，应当遵守现行工程建设国家标准的规定；确有充分依据对其内容进行更改的，必须经过国务院工程建设行政主管部门审批，方可另行规定。凡属于产品标准方面的内容，不得在工程建设国家标准中加以规定。

第二十二条 制订国家标准必须充分发扬民主。对国家标准中有关政策性问题，应当认真研究、充分讨论、统一认识；对有争论的技术性问题，应当在调查研究、试验验证或专题讨论的基础上，经过充分协商，恰如其分地做出结论。

第二十三条 制订国家标准的工作程序按准备、征求意见、送审和报批四个阶段进行。

第二十四条 准备阶段的工作应当符合下列要求：

（一）主编单位根据年度计划的要求，进行编制国家标准的筹备工作。落实国家标准编制组成员，草拟制订国家标准的工作大纲。工作大纲包括国家标准的主要章节内容、需要调查研究的主要问题、必要的测试验证项目、工作进度计划及编制组成员分工等内容。

（二）主编单位筹备工作完成后，由主编部门或由主编部门委托主编单位主持召开编制组第一次工作会议。其内容包括：宣布编制组成员。学习工程建设标准工作的有关文件、讨论通过工作大纲和会议纪要。会议纪要印发国家标准的参编部门和单位，并报国务院工程建设行政主管部门备案。

第二十五条 征求意见阶段的工作应当符合下列要求：

（一）编制组根据制订国家标准的工作大纲开展调查研究工作。调查对象应当具有代表性和典型性。调查研究工作结束后，应当及时提出调查研究报告，并将整理好的原始调查和收集到的国内外有关资料由编制组统一归档。

（二）测试验证工作在编制组统一计划下进行，落实负责单位，制订测试验证工作大纲，确定统一的测试验证方法等。测试验证结果，应当由项目的负责单位组织有关专家进行鉴定，鉴定成果及有关的原始资料由编制组统一归档。

（三）编制组对国家标准中的重大问题或有分歧的问题，应当根据需要召开专题会议。专题会议邀请有代表性和有经验的专家参加，并应当形成会议纪要。会议纪要及会议记录等由编制组统一归档。

（四）编制组在做好上述各项工作的基础上，编写标准征求意见稿及其条文说明，主编单位对标准征求意见稿及其条文说明的内容全面负责。

（五）主编部门对主编单位提出的征求意见稿及其条文说明根据本办法制订标准的原则进行审核。审核的主要内容：国家标准的适用范围与技术内容协调一致；技术内容体现国家的技术经济政策；准确反映生产、建设的实践经验；标准的技术数据和参数有可靠的依据，并与相关标准相协调；对有分歧和争论的问题，编制组内取得一致意见；国家标准的编写符合工程建设国家标准编写的统一规定。

（六）征求意见稿及其条文说明应由主编单位印发国务院有

关行政主管部门、各有关省、自治区、直辖市工程建设行政主管部门和各单位征求意见。征求意见的期限一般为两个月。必要时，对其中的重要问题，可以采取走访或召开专题会议的形式征求意见。

第二十六条 送审阶段的工作应当符合下列要求：

（一）编制组将征求意见阶段收集到的意见，逐条归纳整理，在分析研究的基础上提出处理意见，形成国家标准送审稿及其条文说明。对其中有争议的重大问题可以视具体情况进行补充的调查研究、测试验证或召开专题会议，提出处理意见。

（二）当国家标准需要进行全面的综合技术经济比较时，编制组要按国家标准送审稿组织试设计或施工试用。试设计或施工试用应当选择有代表性的工程进行。试设计或施工试用结束后应当提出报告。

（三）国家标准送审的文件一般应当包括：国家标准送审稿及其条文说明，送审报告、主要问题的专题报告、试设计或施工试用报告等。送审报告的内容主要包括：制订标准任务的来源。制订标准过程中所做的主要工作，标准中重点内容确定的依据及其成熟程度。与国外相关标准水平的对比，标准实施后的经济效益和社会效益以及对标准的初步总评价。标准中尚存在主要问题和今后需要进行的主要工作等。

（四）国家标准送审文件应当在开会之前一个半月发至各主管部门和关单位。

（五）国家标准送审稿的审查，一般采取召开审查会议的形式。经国务院工程建设行政主管部门同意后，也可以采取函审和小型审定会议的形式。

（六）审查会议应由主编部门主持召开。参加会议的代表应包括国务院有关行政主管部门的代表、有经验的专家代表、相关的国家标准编制组或管理组的代表。

审查会议可以成立会议领导小组，负责研究解决会议中提出的重大问题。会议由代表和编制组成员共同对标准送审稿进行审查，对其中重要的或有争议的问题应当进行充分讨论和协商，集中代表的正确意见；对有争议并不能取得一致意见的问题，应当提出倾向性审查意见。

审查会议应当形成会议纪要。其内容一般包括：审查会议概况、标准送审稿中的重点内容及分歧较大问题的审查意见、对标准送审稿的评价、会议代表和领导小组成员名单等。

（七）采取函审和小型审定会议对标准送审稿进行审查时，由主编部门印发通知。参加函审的单位和专家，应经国务院工程建设行政主管部门审查同意、主编部门在函审的基础上主持召开小型审定会议，对标准中的重大问题和有分歧的问题提出审查意见，形成会议纪要，印发各有关部门和单位并报国务院工程建设行政主管部门。

第二十七条 报批阶段的工作应当符合下列要求：

（一）编制组根据审查会议或函审和小型审定会议的审查意见，修改标准送审稿及其条文说明，形成标准报批稿及其条文说明、标准的报批文件经主编单位审查后报主编部门。报批文件一般包括标准报批稿及其条文说明、报批报告、审查或审定会议纪要、主要问题的专题报告、试设计或施工试用报告等。

（二）主编部门应当对标准报批文件进行全面审查，并会同国务院工程建设行政主管部门共同对标准报批稿进行审核。主编部门将共同确认的标准报批文件一式三份报国务院工程建设行政主管部门审批。

国家标准的审批、发布

第二十八条 国家标准由国务院工程建设行政主管部门审查批准，由国务院标准化行政主管部门统一编号，由国务院标准化行政主管部门和国务院工程建设行政主管部门联合发布。

第二十九条 国家标准的编号由国家标准代号、发布标准的顺序号和发布标准的年号组成，并应当符合下列统一格式：

（一）强制性国家标准的编号为：

（二）推荐性国家标准编号为：

第三十条 国家标准的出版由国务院工程建设行政主管部门负责组织。国家标准的出版印刷应当符合工程建设标准出版印刷的统一要求。

第三十一条 国家标准属于科技成果。对技术水平高、取得显著经济效益或社会效益的国家标准，应当纳入各级科学技术进步奖励范围，予以奖励。

国家标准的复审与修订

第三十二条 国家标准实施后，应当根据科学技术的发展和工程建设的需要，由该国家标准的管理部门适时组织有关单位进行复审。复审一般在国家标准实施后五年进行一次。

第三十三条 国家标准复审的具体工作由国家标准管理单位负责。复审可以采取函审或会议审查，一般由参加过该标准编制或审查的单位或个人参加。

第三十四条 国家标准复审后，标准管理单位应当提出其继续有效或者予以修订、废止的意见，经该国家标准的主管部门确认后报国务院工程建设行政主管部门批准。

第三十五条 对确认继续有效的国家标准，当再版或汇编时，应在其封面或扉页上的标准编号下方增加"＊＊＊＊年＊月确认继续有效"。对确认继续有效或予以废止的国家标准，由国务院工程建设行政主管部门在指定的报刊上公布。

第三十六条 对需要全面修订的国家标准，由其管理单位做好前期工作。国家标准修订的准备阶段工作应在管理阶段进行，其他有关的要求应当符合制订国家标准的有关规定。

第三十七条 凡属下列情况之一的国家标准应当进行局部修订：

（一）国家标准的部分规定已制约了科学技术新成果的推广应用；

（二）国家标准的部分规定经修订后可取得明显的经济效益、社会效益、环境效益；

（三）国家标准的部分规定有明显缺陷或与相关的国家标准相抵触；

（四）需要对现行的国家标准作局部补充规定。

第三十八条 国家标准局部修订的计划和编制程序，应当符合工程建设技术标准局部修订的统一规定。

国家标准的日常管理

第三十九条 国家标准发布后，由其管理单位组建国家标准管理组，负责国家标准的日常管理工作。

第四十条 国家标准管理组设专职或兼职若干人。其人员组成，经国家标准管理单位报该国家标准管理部门审定后报国务院工程建设行政主管部门备案。

第四十一条 国家标准日常管理的主要任务是：

（一）根据主管部门的授权负责国家标准的解释；

（二）对国家标准中遗留的问题，负责组织调查研究、必要的测试验证和重点科研工作；

（三）负责国家标准的宣传贯彻工作；

（四）调查了解国家标准的实施情况，收集和研究国内外有关标准、技术信息资料和实践经验，参加相应的国际标准化活动；

（五）参与有关工程建设质量事故的调查和咨询；

（六）负责开展标准的研究和学术交流活动；

（七）负责国家标准的复审、局部修订和技术档案工作。

第四十二条 国家标准管理人员在该国家标准管理部门和管理单位的领导下工作。管理单位应当加强对其的领导，进行经常性的督促检查，定期研究和解决国家标准日常管理工作中的问题。

附 则

第四十三条 推荐性国家标准可由国务院工程建设行政主管部门委托中国工程建设标准化协会等单位编制计划、组织制订。

第四十四条 本办法由国务院工程建设行政主管部门负责解释。

第四十五条 本办法自发布之日起施行。

工程建设行业标准管理办法

(1992年12月30日中华人民共和国建设部令第25号发布)

第一条 为加强工程建设行业标准的管理,根据《中华人民共和国标准化法》、《中华人民共和国标准化法实施条例》和国家有关工程建设的法律、行政法规,制定本办法。

第二条 对没有国家标准而需要在全国某个行业范围内统一的下列技术要求,可以制定行业标准:

(一)工程建设勘察、规划、设计、施工(包括安装)及验收等行业专用的质量要求;

(二)工程建设行业专用的有关安全、卫生和环境保护的技术要求;

(三)工程建设行业专用的术语、符号、代号、量与单位和制图方法;

(四)工程建设行业专用的试验、检验和评定等方法;

(五)工程建设行业专用的信息技术要求;

(六)其他工程建设行业专用的技术要求。

第三条 行业标准分为强制性标准和推荐性标准。

下列标准属于强制性标准:

(一)工程建设勘察、规划、设计、施工(包括安装)及验收等行业专用的综合性标准和重要的行业专用的质量标准;

(二)工程建设行业专用的有关安全、卫生和环境保护的标准;

(三)工程建设重要的行业专用的术语、符号、代号、量与单位和制图方法标准;

(四)工程建设重要的行业专用的试验、检验和评定方法等标准;

(五)工程建设重要的行业专用的信息技术标准;

（六）行业需要控制的其他工程建设标准。

强制性标准以外的标准是推荐性标准。

第四条 国务院有关行政主管部门根据《中华人民共和国标准化法》和国务院工程建设行政主管部门确定的行业标准管理范围，履行行业标准的管理职责。

第五条 行业标准的计划根据国务院工程建设行政主管部门的统一部署由国务院有关行政主管部门组织编制和下达，并报国务院工程建设行政主管部门备案。

与两个以上国务院行政主管部门有关的行业标准，其主编部门由相关的行政主管部门协商确定或由国务院工程建设行政主管部门协调确定，其计划由被确定的主编部门下达。

第六条 行业标准不得与国家标准相抵触。有关行业标准之间应当协调、统一、避免重复。

第七条 制订、修订行业标准的工作程序，可以按准备、征求意见、送审和报批四个阶段进行。

第八条 行业标准的编写应当符合工程建设标准编写的统一规定。

第九条 行业标准由国务院有关行政主管部门审批、编号和发布。

其中，两个以上部门共同制订的行业标准，由有关的行政主管部门联合审批、发布，并由其主编部门负责编号。

第十条 行业标准的某些规定与国家标准不一致时，必须有充分的科学依据和理由，并经国家标准的审批部门批准。

行业标准在相应的国家标准实施后，应当及时修订或废止。

第十一条 行业标准实施后，该标准的批准部门应当根据科学技术的发展和工程建设的实际需要适时进行复审，确认其继续有效或予以修订、废止。一般五年复审一次，复审结果报国务院工程建设行政主管部门备案。

第十二条 行业标准的编号由行业标准的代号、标准发布的顺序号和批准标准的年号组成，并应当符合下列统一格式。

（一）强制性行业标准的编号：

（二）推荐性行业标准的编号：

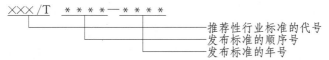

第十三条 行业标准发布后，应当报国务院工程建设行政主管部门备案。

第十四条 行业标准由标准的批准部门负责组织出版，并应当符合工程建设标准出版印刷的统一规定。

第十五条 行业标准属于科技成果。对技术水平高，取得显著经济效益、社会效益和环境效益的行业标准，应当纳入各级科学技术进步奖励范围，并予以奖励。

第十六条 国务院有关行政主管部门可以根据《中华人民共和国标准化法》、《中华人民共和国标准化法实施条例》和本办法制定本行业的工程建设行业标准管理细则。

第十七条 本办法由国务院工程建设行政主管部门负责解释。

第十八条 本办法自发布之日起实施。原《工程建设专业标准规范管理暂行办法》同时废止。

工程建设标准局部修订管理办法

(1994年3月31日建设部建标〔1994〕219号)

第一条 为了使现行的工程建设标准(以下简称标准)的内容能够得到及时的修订,以适应科学技术的发展和工程建设的需要,根据《工程建设国家标准管理办法》和《工程建设行业标准管理办法》的规定,制定本办法。

第二条 本办法适用于工程建设国家标准、行业标准的局部修订。

第三条 现行标准凡属下列情况之一时,应当及时进行局部修订:

一、标准的部分规定已制约了科学技术新成果的推广应用;

二、标准的部分规定经修订后可取得明显的经济效益、社会效益、环境效益;

三、标准的部分规定有明显缺陷或与相关的标准相抵触;

四、根据工程建设的需要而又可能对现行的标准作局部补充规定。

第四条 标准的局部修订,必须贯彻执行有关的国家法律、法规和方针、政策,做到安全适用、技术先进、经济合理。

第五条 标准的局部修订计划,应当由标准的管理单位,根据标准的实施情况和本办法第三条的规定,提出标准局部修订的工作报告和修订内容的建议方案,上报工程建设有关主管部门。其中,国家标准的局部修订工作计划由有关主管部门审查,报国务院工程建设行政主管部门下达;行业标准的局部修订工作计划由行业主管部门审查并下达。

第六条 标准的局部修订工作程序应适当简化。标准管理单位要根据主管部门下达的标准局部修订计划开展工作,必要时可吸收原参编人员和邀请有关专家参加局部修订工作。标准的局部修订稿要在吸取各方面意见的基础上,充分发扬民主,提出送审稿并报有关主编部门。

第七条 标准的局部修订送审稿的审查,可采取召开审查会议的形式;经主管部门同意后,也可采取函审和小型审定会的形式。审查会议(或小型审定会)由主编部门或主编单位主持召开,并应形成会议纪要,作为标准局部修订的报批依据。

第八条 局部修订后的国家标准由国务院工程建设行政主管部门批准并公告;局部修订后的行业标准由行业主管部门批准并公告。

第九条 标准局部修订的条文及其条文说明的编写,应当符合工程建设标准的编写规定。

第十条 标准局部修订条文的编号,应符合下列规定:

一、修改条文的编号不变;

二、对新增条文,可在节内按顺序依次递增编号。也可按原有条文编号后加注大写正体拉丁字母编号,如:在第3.2.4条与第3.2.5条之间补充新的条文,其编号为"3.2.4A";

三、对新增的节,应在相应章内按顺序依次递增编号;

四、对新增的章,应在标准的正文后按顺序依次递增编号。

第十一条 局部修订中新增或修改条文应当在其条(节)的编号下方加横线标记。

删除的章、节、条应保留原编号,并应加"此章、节、条删除"字样。

第十二条 局部修订的条文及其条文说明应当在指定的刊物上发表,且条文说明应紧接在相应条文后编排,并采用框线标记。

第十三条 当标准再版时,应按经批准的局部修订的条文和条文说明排版印刷,并应加印局部修订公告和标记。在封面和扉页中标准名称的下方应加印"＊＊＊＊年版"的字样。

标准再版时的出版印刷应当符合有关规定。

第十四条 本办法由建设部标准定额司负责解释。

第十五条 本办法自公布之日起实行。

关于调整我部标准管理单位和
印发工作准则等四个文件的通知

(1990年8月16日建设部[90]建标字第408号)

各专业标准技术归口单位、标准管理组、编制组：

根据《中华人民共和国标准化法》和《中华人民共和国标准化法实施条例》的精神，结合我部(88)建办秘字第24号文的规定和我部标准化职能机构设置的现状，为了减少我部系统标准化工作管理层次，提高管理效能，现决定对原城乡建设环境保护部设置的标准化机构调整如下：

一、撤销部标准化委员会、部标准化委员会办公室、建筑工程标准研究中心和城镇建设标准研究中心；

二、将原26个专业标准技术归口单位调整为18个专业标准技术归口单位；

三、为有利于城镇建设标准化工作的发展，城镇建设标准技术归口单位将承担部标准化主管部门委托的城镇建设标准化综合业务工作。

现将《建设部专业标准技术归口单位工作准则》（附件一）、《建设部专业标准技术归口单位及其业务范围》（附件二）、《关于标准计划、审查、报批程序的暂行规定》（附件三）、《建设部关于使用专业标准技术归口单位业务专用章的规定》（附件四）等四个文件印发给你们，请在本部系统内遵照执行。原(87)城科字第278号文印发的《城乡建设环境保护部标准化委员会工作条例》等七个文件和(88)城标字第110号文《关于建立第二批专业标准技术归口单位的通知》即行废止。

附件：一、建设部专业标准技术归口单位工作准则；
　　　二、建设部专业标准技术归口单位及其业务范围；

三、关于标准计划、审查、报批程序的暂行规定；
四、建设部关于使用专业标准技术归口单位业务专用章的规定。

中华人民共和国建设部
1990 年 8 月 16 日

附件一

建设部专业标准技术归口单位
工 作 准 则

一、专业标准技术归口单位(以下简称归口单位)是专业性的标准化业务管理机构。其任务是协助部标准化主管部门(部标准定额司、标准定额研究所)管理部系统的专业标准化业务工作。

二、各专业的归口单位,由部标准化主管部门指定在该专业领域中较有技术权威的、较有标准化工作经验的科研、设计、生产或管理单位担任。其业务工作受部有关司指导,由部标准定额研究所归口管理。

三、各归口单位设常务成员若干人,超过2人时设组长1人,超过5人时可设正、副组长各1人(组长可兼职)。组长应由具有较高专业技术水平、较多标准化工作经验、一定的组织管理能力、能胜任国际标准化活动的高级技术人员担任(新专业可以适当放宽)。其他常务成员则应由具有必要的专业业务能力、标准化工作经验和组织管理能力的中级以上技术人员担任。归口单位的常务成员由所在单位按上述条件选派,报部标准定额研究所备案。

四、归口单位的主要业务工作是:

1. 组织拟订本专业的标准体系表、标准化工作规划和标准制(修)订年度计划草案。

2. 管理本专业标准编制组的业务工作。

3. 受部标准化主管部门委托管理本专业标准化技术委员会的秘书处工作。

4. 组织本专业国家标准、行业标准的制(修)订工作;组织标准送审稿的审查及报批稿的初审工作。

5. 归口管理已批准发布的本专业标准。

6. 开展本专业的标准化信息交流和咨询服务工作。

7. 受部标准化主管部门委托承担本专业的国际标准化业务。

五、归口单位由部标准化主管部门发给业务专用章，在规定的业务工作范围内使用。

六、归口单位常务成员的编制、工资、奖金由所在单位解决。工作经费由部给予补助。

七、本准则由部标准定额研究所负责解释。

附件二

建设部专业标准技术归口单位及其业务范围

序号	归口单位名称	所在单位	业务范围	常务定员	备注
1	建设部勘察与岩土工程标准技术归口单位	建设综合勘察研究院	勘察、测量及岩土工程	3	
2	建设部城市规划标准技术归口单位	中国城市规划设计研究院	城市规划	3	
3	建设部城镇建设技术归口单位（含：城镇给水排水、公共交通、防灾标准分技术归口单位）	城市建设研究院	城镇给水排水、公共交通、供热、园林绿化、防灾	9	城镇给水排水不含水质、水处理药剂和设备器材
4	建设部城镇道路桥梁标准技术归口单位	北京市市政工程设计研究总院	城镇道路桥梁	3	
5	建设部城镇水质标准技术归口单位	中国市政工程中南设计院	城镇水质	2	
6	建设部城镇水处理药剂标准技术归口单位	中国市政工程西南设计院	城镇水处理药剂	2	

续表

序号	归口单位名称	所在单位	业务范围	常务定员	备注
7	建设部水处理设备器材标准技术归口单位	中国市政工程华北设计院	水处理设备器材	3	
8	建设部城镇燃气标准技术归口单位	中国市政工程华北设计院	城镇燃气及其设备	3	
9	建设部城镇环境卫生标准技术归口单位	上海市环境卫生管理局	城镇环境卫生及其设备	3	
10	建设部村镇建设标准技术归口单位	中国建筑技术发展研究中心（村镇建设研究所）	村镇规划建设	1	
11	建设部建筑设计标准技术归口单位	中国建筑技术发展研究中心（建筑标准设计研究所）	建筑设计	3	
12	建设部建筑工程标准技术归口单位（含：建筑物理、空调净化、建筑材料、建筑结构、工程抗震、地基基础、施工与质量控制标准、检测仪表归口单位）	中国建筑科学研究院	建筑物理、空调净化、工程材料、建筑结构、工程抗震、地基基础、施工与质量控制、检测仪表	10	

87

续表

序号	归口单位名称	所在单位	业务范围	常务定员	备注
13	建设部空调净化设备标准技术归口单位	中国建筑科学研究院	暖通、空调与净化设备	2	
14	建设部建筑制品与设备标准技术归口单位	中国建筑技术发展研究中心（建筑标准设计研究所）	建筑制品、建筑水电设备	2	
15	建设部建筑结构构件标准技术归口单位	中国建筑技术发展研究中心（建筑标准设计研究所）	建筑结构构件	2	
16	建设部建筑安全标准技术归口单位	中国建筑第一工程局科研所	建筑安全	2	
17	建设部房地产标准技术归口单位	上海市房屋管理科学技术研究所	房地产技术	2	
18	建设部机械设备与车辆标准技术归口单位	建设部北京建筑机械综合研究所	建筑与城建机械、施工设备、车辆、电梯	8	

附件三

关于标准计划、审查、报批程序的暂行规定

为了保证我部系统标准的计划、审查、报批工作正常进行，现就有关事项暂作规定如下：

一、标准的计划

由专业标准技术归口单位(以下简称归口单位)拟订计划草案，报送部标准定额司或部标准定额研究所(按业务分工)以及部有关司。部有关司审核后将计划草案送部标准定额司或部标准定额研究所(按业务分工)。计划的综合、协调、审定、报批、下达等有关事宜，由部标准定额司、所办理。

二、标准的审查

1. 征求意见稿审查

标准编制组完成标准征求意见稿后，由标准主编单位及时向对口的归口单位提出进行征求意见稿审查的报告，并附征求意见稿及其条文说明各一份。归口单位应及时对征求意见稿提出指导性意见，并函复主编单位是否同意进行征求意见稿审查。标准主编单位接到归口单位同意审查的复函后，即可组织征求意见稿的审查工作。

征求意见稿审查主要采用书面方式，广泛征求有关部门、单位和同行专家的意见。必要时可召开小型座谈会，对有争议的问题进行讨论、研究，以便取得一致意见。

征求意见稿审查完成后，由标准主编单位及时将审查情况和处理意见报送归口单位，同时抄送部标准定额司或部标准定额研究所(按业务分工)。

2. 送审稿审查

根据对征求意见稿的审查意见，经标准编制组补充、修改完成标准送审稿后，由标准主编单位及时提出送审报告，连同标准送审稿及其条文说明和有关附件一式三份，以及具体审查方案

(会议审查或函审的人员名单、重点问题等)报送归口单位。如归口单位同意，由归口单位及时转报部标准定额司或部标准定额研究所(按业务分工)。经部标准定额司或所核准后，由归口单位(当归口单位为主编单位时，由标准定额司、所或其委托的部门)发文组织审查工作。

有关标准审查的文，由归口单位抄送部有关司。请部有关司参与标准的审查工作。

标准审查完成后必须形成审查纪要，其内容包括：任务来源、审查概况、对标准的审查意见(标准的特点，经济、社会、环境效益，存在的主要问题，修改、补充意见，标准水平评价等)及审查人员签字名单等。

标准送审稿经审查通过后，标准编制组应根据审查意见进行修改、完善，一般于半年内完成报批稿。

3. 报批稿审查

标准编制组完成报批稿后，由标准主编单位提出报批报告，连同标准报批稿及其条文说明、送审稿审查纪要和有关附件一式四份，并填写建设部技术标准报批签署表、标准数据库入库单，报送归口单位。经归口单位审查合格并签署意见后，由归口单位一式三份分别转报部标准定额司或部标准定额研究所(按业务分工)。

当有必要时，由部标准定额司或部标准定额研究所将标准报批稿送部有关司会签。

三、标准的审核、报批、编号、发布等有关事宜，由部标准定额司、所办理。

四、标准批准发布后，由部标准定额研究所组织出版发行。清样校对由出版社通知主编单位协助进行。

附件四

建设部关于使用专业标准
技术归口单位业务专用章的规定

一、为了便于开展标准化业务管理工作，由部统一制备归口单位业务专用章，经部标准定额研究所发给各专业标准技术归口单位使用。

二、归口单位的业务专用章只限于在《归口单位工作准则》规定的标准化业务工作范围内使用。涉及机构、人事、财务、物资等问题，此章无效。

三、归口单位的业务专用章应指定专人保管。使用印章必须经所在单位的主管领导人或其指定的负责人签字批准。

四、对违反上述规定而造成不良后果者，应视情节轻重给予处分，直至追究行政或法律责任。